U0441675

重塑勇气

如何接纳你的恐惧，勇敢生活

[美] 凯特·斯沃博达（Kate Swoboda） 著
王蕾 译

How to accept your fears , release the past ,
and live your courageous life

机械工业出版社

图书在版编目（CIP）数据

重塑勇气：如何接纳你的恐惧，勇敢生活 /（美）凯特・斯沃博达著；王蕾译. — 北京：机械工业出版社，2021.4（2022.1 重印）

书名原文 : The Courage Habit: How to Accept Your Fears, Release the Past, and Live Your Courageous Life

ISBN 978-7-111-67839-7

Ⅰ. ①重… Ⅱ. ①凯… ②王… Ⅲ. ①成功心理 – 通俗读物 Ⅳ. ①B848.4-49

中国版本图书馆CIP数据核字（2021）第063253号

机械工业出版社（北京市百万庄大街22号　邮政编码100037）

策划编辑：仇俊霞　李妮娜　　责任编辑：仇俊霞　李妮娜

责任校对：赵　燕　　封面设计：钟　达

责任印制：李　昂

北京联兴盛业印刷股份有限公司印刷

2022 年1月第1版第2次印刷

145mm × 210mm・8.75印张・2插页・154千字

标准书号：ISBN 978-7-111-67839-7

定价：59.80元

电话服务

客服电话：010-88361066

010-88379833

010-68326294

封底无防伪标均为盗版

网络服务

机　工　官　网：www.cmpbook.com

机　工　官　博：weibo.com/cmp1952

金　书　网：www.golden-book.com

机工教育服务网：www.cmpedu.com

赞誉之辞

你觉得需要在生活中有所改变吗——一份新工作？一个新目标？不要因恐惧而退缩。在这本可以帮助你、激励你，并且让你读起来津津有味的书中，凯特·斯沃博达整理与汇集的知识和经验会帮助你获得改变的勇气。

——丹尼尔·平克（Daniel H.Pink）《纽约时报》畅销书《驱动力》和《全新思维》的作者

《重塑勇气》把什么可以创造真正改变的最新研究和恐惧是通往无畏的途径这一心灵观点相结合。这本书利用作者指导客户的经验、作者个人的经历、可操作性（并非不切实际）的练习，以及无所不在的温暖，教给你四种重要的行为习惯，使你能够正视阻碍自己的因素，在生活中表现出最勇敢自我。

——苏珊·皮维尔（Susan Piver）畅销书《现在从这里开始》的作者

在过去几年中，如果有让我意识到并且牢记于心的，那就是我们的生命只有一次，我们应该把更多的时间花在让我们高兴的事情上，而不是总觉得自己会因为焦虑、羞愧、自责和恐惧而崩溃。《重塑勇气》这本书提醒每个人，你可以掌控自己的命运，你有能力实现由内而外的改变，从而你可以创造自己渴望的生活、需要的生活以及值得拥有的生活。

——萨拉·奈特（Sarah Knight）《纽约时报》畅销书《不在乎的魔力让人生得以改变》和《井然有序》的作者

凡是完成半程铁人赛的人都会对勇气和情绪弹性有所了解。凯特·斯沃博达在她的新书《重塑勇气》中对心理勇气和习惯形成之间的关系进行了探讨，并说明了如何释放你的潜能来实现远大目标。不管你是打算挑战铁人三项赛，还是想要更加勇敢地应对生活中的挑战和机遇，这本书都是你的必要读本。

——迪安·卡纳泽斯（Dean Kamazes）超级马拉松名将

《重塑勇气》通过促使读者正视和拥抱恐惧，为读者指明了实现自我接纳和情感自由的明确途径。这本书为那些想要正视和释放自己恐惧的人提供了实际生活中的行动指南。这本书具有强大的感染力，促使我们去努力实现彻底的自我接纳和情感自由。

——里奇和伊冯·杜特拉·圣约翰（Rich and Yvoune Dutra-St.John）奥普拉（Oprah）访谈节目的嘉宾、“挑战日”（Challenge Day）和“变革运动”（Be the Change Movement）项目的共同创立者

这本书是事例和方法的完美结合。凯特用她的经历告诉你“我也曾有过类似体验”，客户的故事会让你受到鼓舞，书中的方法有据可依，这些不仅会让你“感觉更加勇敢”，而且会使勇敢成为你的一种日常行为习惯。为了使我们的生活有意义，我们每个人都非常需要这种品质，而这本书关于勇气的观点是多么别具一格、切合实际和充满智慧。

—— 凯特·诺斯拉普（Kate Northrup） 《金钱》的作者，Origin 项目的创立者

《重塑勇气》是一本具有权威性的行动指南，会使你重新认识恐惧和勇气，以及它们的本质，并告诉你如何通过重新应对恐惧和重新塑造勇气来创造自己真正想要的生活。这本书会帮助你不再试图实现“没有恐惧”，而是开始创造更有意义、更加充实的生活：勇敢地生活。它会给你的生活带来真正的启示。

——SARK 作家、艺术家、灵感论者 www.planetsark.com

翻开这本书，你会有所领悟，并掌握一些方法，从而让你以一种全新的方式来应对恐惧。感到恐惧是人性的一部分，但是拥有凯特这本经过深入研究和客户验证的行动指南，你就不会再把恐惧的出现视为坏消息了。拥有这本书，你就能更经常地选择做自己想做的事，创造自己想要的生活。不管在哪个方面当恐惧阻

碍你、使你感到怀疑时，凯特这本充满智慧的行动指南都会为你指明方向，你都可以祝贺自己走出困境。

——詹妮弗·劳登（Jennifer Louden）《宽慰女性之书》和《生活组织者》的作者

通过阅读《重塑勇气》这本书，你可以不再本能地进入某种行为模式，并能开始拥有一种自己一直渴望的真实、充实的生活。凯特·斯沃博达基于科学研究所提出的实用方法将会教你如何应对自己的恐惧，如何挖掘自己最深的渴望，以及如何提高自己的能力来实现远大目标。凯特通过真实地表现自己的脆弱、表达同情心和好奇心，为你做出了重塑勇气的表率，当你勇敢地迈出每一步时，都会感觉到她就在那里支持你。

——詹妮弗·李（Jennifer Lee）《右脑经营计划》的作者

几乎世界上每个人都需要更多的勇气，因此几乎每个人都需要在床头柜上放上一本《重塑勇气》。不管你是想鼓足勇气来为自己在工作中争取更多的带薪休假时间，还是想鼓起勇气发表自己的第一篇博客，这本书所提供的指导对你都会有所帮助。

——亚历山德拉·弗兰岑（Alexandra Franzen）《用50种方式来表达你很棒以及你将走出困境》的作者

在今天人们为了自我激励，不再用“没有恐惧”这种表述了，如果他们仍然感到恐惧，这种表述就会让他们认为自己“做事的方式不对”。凯特用得体的方式清楚地告诉我们如何应对恐惧，如何准确地发现我们基于恐惧的内心假设并重新进行描述，如何在生活中表现出最勇敢自我。这本书的每一章都精彩绝伦。

——**安德里亚·欧文（Andrea Owen）**《用52种方式来活出精彩以及如何不再感觉糟透了》的作者

我们把恐惧视为一种令人羞愧或需要压制的事情，而“勇敢的凯特”帮助我们明白恐惧是世界上成就大事所必不可少的一部分，并且会一直存在。

——**帕梅拉·斯利姆（Pamela Slim）**《工作主体》和《逃离格子间国度》的作者

博主推荐语

恐惧和怀疑一直是我们人生旅途中的一部分，因为作为人类我们总是会感到恐惧或怀疑。《重塑勇气》这本书将会激发你的勇气，让你能够消除大脑中的负面声音的影响。你正在走向卓越，就让《重塑勇气》这本书为你照亮前行的路吧。

——约翰·李·仲马（John Lee Dumas） 充满激情的企业家（Entrepreneur on Fire）

在凯特·斯沃博达的《重塑勇气》这本书中，她为我们点亮了一条我们很多人一直在寻求的路：一条切合实际而且可以实现的路，可以使我们的行为不再受恐惧控制，从而勇敢地生活。凯特的书就好像一位经验丰富的旅伴在跟你交谈，又好像一位在相关科学领域知识丰富的专家在表述观点。当我们想要实现自己渴望的目标，但却驻足原地不敢前行时，这本书正是我们每个人所需要的。

——雷切尔·科尔（Rachel W.Cole） www.rachelwcole.com 的教练和老师

警告、逼迫、承诺：当完成《重塑勇气》为你制订的四个步骤后，你将不会再有任何借口不去追求你的远大目标或者大胆梦想。做好准备，用一种完全切合实际并且可行的方式，来冲破消极做事的方式和内心假设给你带来的阻碍。凯特·斯沃博达为你提供了一整套方法，使你能够在生活中表现出最勇敢自我。

——**米歇尔·沃德（Michelle Ward）** 当我长大（When I Grow Up）的教练

这本书会让你有种恍然大悟的感觉！它不仅把恐惧视为我们都会体验到的一种正常情绪，还教会我们如何带着爱和同情走向恐惧。一旦我们可以与恐惧共处，而不是与恐惧对抗（或假装它不存在），凯特就会教给我们如何使勇敢成为一种习惯，从而使我们能够创造自己真正想要的生活。这本书充满智慧，切合实际，而且饱含作者的同情心。

——**安德利亚·舍尔（Andrea Scher）** 超级英雄的生活（Superhero Life）

《重塑勇气》这本书就好像是你的朋友，它总能看穿你在胡说，总能知道你的真实情况，并会使你在面对恐惧的时候感到不再忧虑，感到安全并充满希望，这种理论联系实际的练习会帮助你改变阻碍自己的行为习惯。

——**劳拉·西姆斯（Laura Simms）** Your Career Homecoming的创立者

讨论培养勇气是一回事，而要阐述清楚当恐惧出现的时候该如何去适应则完全是另一回事。这也正是凯特·斯沃博达在《重塑勇气》这本书中所要表达的内容。作为一名教练和知名教练培训课程的创立者，凯特·斯沃博达把有研究依据的行动步骤与自己丰富的教练经历相结合，向读者展示了如何使勇敢成为你的“惯常行为”——这样你就可以克服不安和阻碍，从而无论是在生活、工作还是娱乐上，都能完全地、不用感到抱歉地接纳自己。《重塑勇气》这本书使我的教练技能得到了提升。这本书的全部内容我都非常喜欢——你也会如此！

——**亚莉克希亚·弗农（Alexia Vernon）** 《展现你的勇气和魄力》的作者

“感受恐惧，勇往直前！”凯特就像这句名言说的一样，先让大家把情绪发泄出来，然后采取行动——她给我们提供了实用的方法，使我们能够发现自己的恐惧反应模式，并选择以勇敢的方式进行应对。《重塑勇气》是一本现代行动指南，使我们不再放弃自己的梦想，在前行的路上能够从挫折中恢复并自我关怀。对于任何女人，如果觉得恐惧阻止自己释放在生活中的真正潜能，那么就一定要读读这本书。

——**莫莉·马哈尔（Molly Mahar）** Stratejoy 的创立者

通过《重塑勇气》这本书，“勇敢的”凯特·斯沃博达让整个世界都清楚地知道了该如何和恐惧共舞——没错，就是共舞。就像生活中的任何事物一样，我们必须学会跟当下体验到的恐惧一起移动、流动和行动。《重塑勇气》这本书兼具知识性和实用性，富有同情心，可以改变生活，改变世界。

——朱莉·戴利（Julie Daley） 无畏的女性（Unabashedly Female）

序　言

在漫长而深邃的人生中，我们需要发现自己的勇气。有很多时候我们虽然感到恐惧，但是正如这本堪称绝妙的书所倡导的，我们仍然会采取行动，并最终发生改变。在我的人生中最具有变革性的事件中有一件就恰好符合这种模式。1998 年，当我拆开信封取出我的第一张学生贷款账单时，我被吓到了。整整一分钟的时间我愣愣地盯着这个账单，无比吃惊，目瞪口呆。我究竟该如何能够每个月还清那么多的债务？

那时候我刚刚获得了身体心理学的硕士学位，我为自己能够在这个领域中发挥我的特长而感到欣喜。但是精彩绝伦的课程并没有使我摆脱金钱的束缚，或者教给我该如何把学到的知识转化为能够赚钱的职业。作为一个非常不喜欢按照传统方式生活的女孩，我虽然知道自己在公司环境中会感到不自在，但是完全不知道还有什么职业可以选择，更不用说我该如何赚钱来还清每个月的学生贷款账单，同时还能拥有自在的生活。

我不知道该如何解决这个难题，我感到恐慌。我甚至认真考虑过收拾好东西，逃离这个国家，以后的人生就在躲避银行追债中度过，而自己也会成为一个古怪的、在世界各地到处漂泊的流浪者。谢天谢地，我做出了不同的选择。我深呼吸，慢下来，感受自己所有的羞愧和恐惧。我需要直视这个难题：我该如何创造一份自己喜欢的职业，发挥我的特长，并能还清贷款账单？

当提出这个问题的时候，我并不知道该如何解决。我只是相信自己可以创造某种新的职业，即使我还不清楚那种职业到底是什么样的。正如凯特·斯沃博达对于勇气的绝妙定义所言，我“愿意走一条未知的路”。你手中的这本书帮助我更深入地了解这种需要勇气的时刻，而且还为我提供了方法和启发，使我可以有更多的选择。

勇气可能表现为惊人之举，彻底改变生活，但在某个小瞬间我们也可以表现出勇气。每一次我们选择更多一点的觉察、坦诚或者同情，我们就是勇敢的。还有承认自己的脆弱也是勇敢的表现。**有时候仅仅问问自己真正想要什么，同样需要极大的勇气。**

那么，为什么有的时候我们会大胆地表现出有勇气的行为，而有的时候我们会选择逃避（或迅速离开）？凯特给出的原因可能是最能让我们掌控自己命运的解释：这是一个习惯养成的问题。她认为**勇气是一种习惯。它就好像肌肉一样，可以通过练习而变强，每一次的成功，无论大小都会使我们更加勇敢。**那意味着任何人只要有一点耐心，就可以在这本书的指导下练习重塑勇气的各个步骤……从而变得越来越勇敢。

然而这种努力必须以温和的方式进行。我们不能因为感到羞愧而不断地去改变，“严厉的爱”这种方式也的确并不适合情感的抚慰。当我从“学生贷款账单”的十字路口出发，在那条我的“未知的路”上前行时，我需要给予自己最大的温柔和宽慰。在应对金钱和职业问题的过程中，我对自己的价值观、掌控力和安全感有了更加深入的了解。逐渐地，我找到了自己的创意创业方式，开始利用自己的特长进行培训，指导他人和金钱打交道等。

今天，我作为一名理财规划师，看到我的团队成员每一天都会做出勇敢的选择，感到非常高兴。当他们鼓起勇气面对自己的信用评分时（那时会把他们吓一大跳），我为他们喝彩；当他们和爱人关于金钱进行了一次艰难的对话时，我会鼓励他们去参加小型舞会来庆祝。我会不断地提醒他们：**改变旧的模式，做出大胆和全新的选择，并且充满爱和自信。**这是多么勇敢啊！

像这样的勇敢历程——亲爱的读者，也正如你现在做的事情——不仅仅需要逻辑和蓝图，理性和情商对于深刻而有意义的改变是必不可少的，当然还要有一颗勇敢的心。这些必要因素在这本书中你都能找到。

如果选择这本书对你而言仍然需要勇气，请尽管放心。凯特不会对你提出任何严苛的要求，不会冲你大喊着让你完全凭意志力来战胜恐惧。相反，她会让你感到安心：恐惧是我们每个人都会有的情绪体验，你不需要为此而感到羞愧。（是不是松了口气？）她会帮助你做一件看似不可能而且不可思议的事情：和恐惧交朋友。她会慢慢地引导你为了创造自己真正想要的生活而采取勇敢的行动，从而去重视表达自己内心渴望的声音，尽管这个声音非常细小和微弱。

这本书充满了鼓舞，提供了很多有用的方法，并让你感受到满满的温暖。**这本书不是做粗略的介绍或只是说一些有鼓舞性的空话，而是一本具有很强实用性的用心之作**——就像凯特本人一样。

现在我们拥有了凯特这本精彩绝伦的书，也就能在我们人生中各种需要勇气和决心的重大时刻以及细微时刻，得到帮助和引导，对此我感到非常高兴。愿我们都能以一颗温柔和觉察的心来进一步拓展我们的成长空间；愿这种对爱的认知能够为我们提供保护和指引；愿我们能牢记本书的主旨，让它激励我们做出勇敢选择，让自己过一种更加充实、丰富和真实的生活。

——巴里·特斯勒（Bari Tessler）

理财规划师、导师教练

《金钱艺术》的作者

（http：//www.BariTessler.com）

前　言

当你正式决定需要改变自己的生活时，关于那一天，事实是：你甚至都没有意识到那一天的来临。对于我而言，当那一天来临的时候，只是旧金山 12 月份的一个很普通的寒冷的早晨，就跟其他任何一天的早晨一样开启了新的一天。那天当我早晨起床时，我讨厌我的闹钟的声音；当我穿好衣服后，我讨厌那种穿着刻板的系领扣的衬衫和西装的感觉；当我上车后，我讨厌前面的那辆通勤车……唯一让我期待的事情是：当我的工作日结束后，当我参加完那个竟然被无情安排在圣诞假期前的最后一天的最后一个小时的会议后，我就可以回到家，整整两个星期不用再想工作上的事情。

那天下午很晚的时候，我还在开会。当我的两个同事争论我们是否都应该利用部分圣诞假期时间来为新项目制订计划时，我有些心不在焉——正是在那个时候，我意识到一个事实：我再也不想做这份工作了。

我一直是个更注重实际而非突发奇想的人。对我而言很少有什么时刻可以说是“惊天动地”，但这一刻应该算是了。想到这里，我坐在椅子上感到一阵眩晕，因为我意识到这个事实所带给我的感受是如此真切，甚至让我感到震撼。我再也不想做这份工作了——是从什么时候我开始有这个念头的呢？我曾经非常认真地去争取这份工作，多年来一直努力向那些经验丰富的同事证明自己，我努力地节约每一分开支以偿还我的学生贷款和买那些刻板的西装。我自愿加班，还报名加入其他委员会。招聘组的人曾悄悄地把我叫到一边，告诉我如果我申请即将发布的晋升职位，我将胜券在握。

我跟自己以及其他人说过很多次，这种生活方式正是我想要的。在这里我非常幸运地成为那种可以实现自己追求目标的女人。正是因为我特别努力，才获得今天的成就。而现在，在付出那么多努力之后，我竟然在思考这样一件无意义的事情：我再也不想做这份工作了。

这个事实给我带来了困扰，在整个圣诞假期，即使我想要忽略它，它也仍然萦绕在我脑海中。我再也不想做这份工作了，我不想要那样的工作或者那样的西装，即使它们对我的生活会有影响。我不想在圣诞假期还要花时间为一个新项目做计划，只是为了能够给同事留下好印象，而那些同事大多时候是在彼此争吵或玩弄权术。我不想从现在开始的一年后、两年后我的生活仍然是这样的。

有段时间我曾经感受到内心对改变生活的渴望，但是因为这种渴望总是伴随着一定的恐惧，于是长时间以来，我一直在把那个事实推开。我对自己恐惧的反应就是竭尽所能使它离开。我会更加努力地工作来分散自己的注意力，从而不会觉得“某些事情就是不太对劲”。我承担了更多的工作，这样我就会获得领导和同事的额外肯定。但是在这些努力的背后，我经常会感到头痛、身体痛，精疲力竭。我的情绪也经常是要么恼怒，要么沮丧。但我会把这些情绪都隐藏在微笑、点头以及宽慰自己一切都很好的背后。为了使自己能感觉好一些，我让自己忙碌起来，这样我的同事就会认为我工作非常努力，这种忙碌和称赞就会让我有些许兴奋。但问题是，这种兴奋越来越难以感觉到了，而且持续的时间也很短，分散注意力也无法再有效地隐藏我内心的真实感受了。这个事实——我再也不想做这份工作了——也就很难被忽略了。

在那个圣诞假期的大部分时间里，我要么用电视麻痹自己来逃避这个问题，要么就会做被我称为“疯狂日志”的事情（这是一种以记日志的方式来不断地去尝试回答非常私密的问题，比如“如果你有一百万美元和充裕的时间，你会如何生活？”）。当我在日志中的答案和现实中的电视之间不断切换时，我发现了自己身体上有种不舒服的感觉，并吃惊地意识到：那种感觉是恐惧。我知道有些事情需要改变，然而我非常害怕去真正的进行改变。

我一直习惯于努力确保在外界看来自己表现得非常自信、有条理，以至于没有意识到恐惧对我生活各个方面的影响和控制。我就好像一个模范生，当看到待办事项清单时会感到震惊，但外表看起来却非常勇敢，然而其实内心一直觉得自己不够好。但是，现在我再也不能忽略这个事实：这种生活方式并不适合我。

当我了解我的感受而不是把它推开时，我发现在内心深处我其实是害怕——所有事情，并不只是工作。当然，我害怕如果保持现状自己会不快乐，对于改变职业这个想法也会感到胆怯，但还有更深层的恐惧。我害怕自己永远无法认清自我或者自己的渴望。我会因为自己的困惑以及无法立刻给出答案而感到自责。因为我的朋友、家人或同事没有一个人曾经说过他们也有和我一样的困惑，我以为只有我一个人是这样的。如果我告诉别人我的真实感受，或者如果我做出的选择和其他人期望的有所不同，我害怕自己会被评判。那时候我没有任何计划，只是做自己觉得有必要做的事情。我没有推开恐惧，而是做了一件我之前从未做过的事情：承认恐惧的存在，承认自己没有意识到这种恐惧对我的控制。是的，我的确感到恐惧。我记得当时自己反复地思索了这个想法。**现在我对情况有了更清楚的认识后，还有了另外一个发现：我可以有选择。**我可以像以前一样推开恐惧，这会使我的生活跟以前完全一样；或者我可以用不同的方式来对待恐惧，选择这种方式需要勇气，但是也可能带给我一直在追求的真正的快乐。

在之后的几个月里，我决心做出改变。一开始我认为只要我“下定决心”，只要决定直面恐惧，就足够了；我只需要命令我的自我怀疑走开，就可以过自己渴望的生活。对吗？但是之后的几个月我几乎一直停滞不前。之前的生活模式没那么容易改变，我不断地前进一步，又后退一步。有几个星期，我会找到内在的勇气，即使我的观点并不受欢迎，我也会大声地讲出来；或者我回到家后，不再做额外的工作，而是把时间留给创作小说——这是当我开始在职场打拼时所放弃的另外一件事。

之后，在接下来的几个星期里，我发现自己对未来的感觉更加不安、更加不确定了。在那几个星期里，我发现自己同意——是的，再一次——为同事承担更多的委员会工作，只是为了获得他们的认可。我不明白自己既然非常清楚地知道有些事情需要改变，但为什么采取改变所需的行动却是那么困难。这与我在电影、电视里或任何励志书上所看到的并不相同。

起初，我所能做的就只是不断地再次思考自己所知道的事实：我再也不想做这份工作了。我会不断地问自己究竟想要什么样的生活。问这个问题时，我决定要让答案保持本来的样子，即使一开始我会觉得这些答案要么太普通，要么完全不现实。那就是：我想要写作，我想要在意大利待一夏天学习意大利语，我想要和那些以某种方式努力使自己生活变得更好的人一起工作，我想要传授知识。

现在回想起来，我能更清楚地讲述在那段探寻和犹豫的关键时期里自己的感悟。

第一，不满意和不快乐是值得倾听的信号。我们每个人都有一部分真实的自我，我们拒绝用谎言迷惑自己，拒绝在事情确实不好时却假装一切都很好。这部分的我们会不断地表现出各种情绪，比如精疲力竭、愤恨、麻木或不快乐。你对自己的生活感觉不是很好吗？不要把这些情绪视为需要迅速处理掉的问题，而是首先要关注这些情绪出现的原因。

第二，我们的渴望是重要的。无论我们的渴望是简单还是大胆，我们对生活的渴望都具有重要意义。追求自己的梦想并不是自私的表现，通常我们只有自己内心充实，才会有能力真正的为他人付出或提供帮助。我们的渴望值得我们去重视，值得成为我们生活中的一个主要关注点。

第三，追求我们渴望的东西总会使我们产生某种恐惧或自我怀疑，这是没有办法回避的。没有一个人是完全“没有恐惧”的，这种人并不存在。在我们追求真正渴望的东西的过程中，会需要再次反复地承认和了解自己的恐惧。我们不可能只是对恐惧置之不理，就可以来制订待办事项清单。我们需要审视自己的恐惧反应模式，认识并改变那些恐惧应对模式。

最后，改变并不是只要"下定决心进行改变"就可以了。我们的思考方式和行为方式都存在着某种模式，都受习惯的影响。如果我们想要对生活进行大胆、勇敢的改变，还需要了解自己的习惯方式是支持还是阻碍我们进行改变。我们根深蒂固的习惯会影响我们所采取的行动或者我们没有采取的行动。

如果在改变的时候，你能够看清楚恐惧和习惯模式是如何影响行为的，你就会更加清楚应该如何去实现真正的生活改变。我们以习惯的方式来应对恐惧，这种方式比我们一开始意识到的更具有可预见性，这意味着看清楚我们在遇到压力、困难或改变时本能上所采取的行为模式是非常重要的。了解恐惧对习惯行为模式的影响，消除这些影响，创建不同的富有勇气的习惯行为模式，这就是改变你生活的方法。

离那个艰难的圣诞节已经十多年了，今天我的生活看上去完全不同了。当我对自己基于恐惧的反应模式进行了审视，并探究了哪些行为改变因素是对更美好生活追求的基础，我成为一名人生教练，一对一地引导客户——他们就像我一样，想要对生活做出某种改变，却不知道该如何改变。随着时间的推移，我的业务范围逐渐缩小，专门致力于如何应对人们的恐惧，如何使勇敢成为习惯。再后来，我从针对个人的引导，转为通过静修会、讲习班、相关项目和研讨班来为人们提供帮助。我已经倾听了成千上万小时的客户经历，并对行为科学和神经心理学做了大量的研究，因此我对影响人类行为的一些关键因素有所了解，并且知道了当我们想要改变的时候恐惧是如何影响我们的。

我们都知道对生活有更多期望是什么感觉，然而之所以犹豫着没有采取行动是因为恐惧或自我怀疑困扰着我们。不管我们渴望的是什么，不管会带来多大的改变，正是我们的恐惧反应模式让我们陷入困境。因此，**改变那些恐惧反应模式是摆脱困境的关键。摆脱困境并不是顽固地想要在紧张不安中克服恐惧情绪，而是要如实地自我审视和摆脱旧的习惯，这个过程需要极大的勇气。**没错，勇气完全是可以培养的。勇气并不是你天生拥有的，它是一套特定的方法，你可以学习并从中有所选择地来进行实践，直到让勇敢的生活方式成为你的习惯行为模式。

当我给满屋的讲习班学员上课时，或者在线授课时，在某一时刻我会向他们提出这个问题："在你的内心深处，你真正想要自己的生活发生怎样的改变？"有些人想要做一些切合实际、目标明确的事情，还有些人想要改变自己的生活方式。关于人们想要自己的生活发生怎样的改变，下面只列出了他们所告诉我的答案中的一些事情。

- 更多的时间，更多的金钱，更多的性生活。
- 享受更多的乐趣。
- 摆脱完美主义。
- 自信地做决定，不怀疑自己或者质疑自己。
- 只做我自己。对自己满意。感觉自己做得已经足够好。
- 感觉自己完全有能力而且能够创造想要的生活。
- 少些不安全感。
- 感觉自己做决定的时候更加自信、更有能力。
- 写那本自己想写的书。
- 改善我的婚姻。
- 不跟别人比较，不会觉得其他人更漂亮、更成功或更瘦。
- 减轻体重。
- 我希望接纳自己，这样我就不会觉得有什么方面需要改变。
- 能够跟那些批评我的人更好地设立边界，我希望不再在乎他们的想法。
- 我想要换份工作。
- 集中精力，有始有终。

所有这些人所说的，其实就是：希望自己的外在和内在相符。这实际上是我们所有人最根本的渴望。使我们的内在（我们的价值观、内心深处的渴望、创造性表达）与我们的日常生活方式相符，就可以实现个人的幸福感和成就感。我们希望成为自己所期望的那种人。我们希望做我们自己，并且相信那就够了。

然而，同样是这些人，如果问他们下面这个问题："是什么阻止你做出那种改变？"他们可能会给出上千种不同的理由来解释为什么没有实现改变：没有足够的时间或金钱；因为自己的成长方式而陷入困境；因为糟糕的前夫，或者一个健康问题，或者一个令人讨厌的老板。大多数理由其实都掩盖了同一个原因：感到恐惧。他们可能会用不同的词来形容这种感受，比如自我怀疑，但是实际上我们在讨论的是恐惧。

当我们没有继续采取行动来追求想要实现的目标时，我们以前的习惯性的恐惧反应模式已经控制了我们的行为，而我们并没有意识到、觉察到。这种情况非常容易发生：你决心要做些改变，比如写那本你知道自己有能力完成的书，或者跟自己的伴侣更好地沟通，之后，事情却未能按计划进行。当你放弃写书的目标而沉浸在脸书（Facebook）上时；当你对伴侣极度愤怒，没有以尊重对方的态度说话，而是肆意抨击的那一刻——可能看起来你好像并没有感到“恐惧”。那时候，你可能有充分、合理的理由来解释为什么你告诉自己要改变却没有做到。

想要形成一种新的行为模式，这个过程会让人感觉到压力，而压力正是恐惧的同义词。大脑是非常智能的机体组织，它会在遇到压力时寻找最快、最有效的模式来释放压力。为了减少压力，大脑会基于过去对于释放压力行之有效的模式来发出神经冲动。有些人感受到的神经冲动是用拖延来应对自我怀疑的情绪，而有些人会像我一样，努力想做到完美，争强好胜。当大脑面对想要选择新的行为模式的挑战时，选择更早、更熟悉的行为模式所带来的压力会少很多。这正是改变如此困难的原因。如果想要迈出新的一步，比如在你长期渴望做的那件事的方向上前行，你的大脑将会让你感到非常焦虑。因为对它而言，这件事是全新而且不熟悉的。如果你放弃了追求梦想的计划，而选择了熟悉的感到安全的模式，因为大脑感到放松，你就会得到“奖赏”。你的大脑喜欢能够预见事情的发展，它会因为你选择了熟悉的反应模式和行为模式而对你进行“奖赏”。

无论你是在考虑是否采取大胆的行动，还是感觉无法迈出第一步，或者你在试图改变时却发现自己无法坚持下去时，这些让你感到恐惧、焦虑或不适的神经冲动其实都是身体生理反应的一部分——想要通过和过去一致来使生活轻松自在。不要认为这些情绪表示你所想要的改变并不真正适合你，相反，你要明白这些情绪都是对改变的正常反应，这是一种根深蒂固的自我保护机制。

好消息是：如果你了解了恐惧在大脑这个层面上的运行机制，你就可以发现相应的神经冲动，从而可以开始“重新训练”大脑，让它知道可以用其他的反应模式来代替你以前所习惯的基于恐惧的反应模式。把培养勇敢行为作为日常生活的一部分，作为对恐惧情绪的反应，就可以使恐惧不再阻碍你去创造更加大胆、更加勇敢的生活。当勇敢成为一种习惯，你就会更容易在自己渴望改变的方向上采取行动。

为了不让相同的恐惧反应模式好像不受你的控制一样再次出现，你可以审视这个模式的每一个部分，如实地探究自己通常是如何应对恐惧的，并且有意识地主动选择不同的、勇敢的方式进行应对。当你对大脑的神经冲动以及如何通过培养习惯来改变行为有了更好的了解后，你就可以摆脱旧的恐惧反应模式，通过练习我称为“重塑勇气”的方法来勇敢生活。

重塑勇气的步骤

这本书将会按照教练引导模式进行内容架构，首先会让你弄清楚自己的渴望，以及恐惧是如何阻止你实现自己的渴望的，然后会向你展示这一次如何按照重塑勇气的步骤以不同的方式来应对恐惧。在现实生活中我们对客户进行引导时，整个过程至少要持续三个月，期间一般每两个星期电话交谈一次，客户在两次交谈之间要整合和实现我们在交谈中所讨论的改变。在对客户进行引导时，我们首先会让客户确定一个主要关注点，并对客户想要表现出的这种最勇敢自我进行了解。

在第一章中，我们将会讨论你想要创造什么样的生活，你曾经在实现哪些目标上退缩了，或者你发现哪些生活方式很难改变。对于哪些远大梦想你一直踌躇不前呢？如果你的“最勇敢自我”控制你的行为，你的行为会有什么样的改变？我们将会认清你对生活的最真实渴望。

第二章中，当你学习了关于习惯形成的一些知识后，你会感到非常兴奋——这些知识是开启行为改变的关键。习惯是在大脑中的“暗示—惯常行为—奖赏”这个回路基础上形成的，在这一章里我会详细地对该回路进行分解和介绍。了解这个回路将会帮助你不再以同样的方式来应对恐惧和自我怀疑，这样就有可能实现新的改变。而且，你将会学习一个更加有效的行为模式，而不是按照基于恐惧的暗示—惯常行为—奖赏这个回路做出反应。当你感到恐惧时，你将会学习如何把重塑勇气的四个步骤作为你新的“惯常行为”。这将会使你得到自己想要的“奖赏”，使你能够去追求自己真正渴望的生活，并拥有更强的承受力，以及更少的自我怀疑、恐惧或犹豫。

你将在第三章至第六章学到重塑勇气的四个部分，这些步骤都是有理论依据的，可以使你在面对恐惧时具有更好的适应力。想象一下！恐惧不再成为阻碍你或者你需要对抗的情绪，即使产生怀疑的时候，你也可以选择那些让你更具有适应力并且更切合实际的行为。你不会消除恐惧，但是你将不再陷入恐惧情绪中。当你开始实践这些步骤时，你将会觉得自己真正有能力创造想要的生活。

每一章都会专门对过程中的每一部分进行分解介绍。以下是对这四个部分的概述。

- 觉察身体。
- 不受影响地倾听。
- 重新描述束缚自己的内心假设。
- 主动交流和创建关系圈。

觉察身体。恐惧不是理性情绪，在我们与怀疑的声音或内在批评的声音“讲道理”前就通过身体感受到了这种情绪。那就是为什么我们首先要觉察身体，这样你就能够在恐惧刚开始出现，还没有控制你的行为之前觉察到身体上的恐惧感觉。当出现自我怀疑情绪时，觉察身体是一种有效的应对方法。《美国精神病学杂志》上的研究清楚地表明基于正念的心理干预可以缓解压力和焦虑，当对生活做出重大改变时这些情绪会带来重要影响（Kabat Zinn 等，1992）。你将会慢下来，觉察当下的一切，从而能够更加清楚恐惧是如何对你施加影响的，以及你可以采取什么行为来避免这种影响的发生。

不受影响地倾听。我们中的大多数人想要回避与恐惧或者内在批评的声音打交道。这是我们想要摆脱恐惧的一种方式。关于“打败恐惧”之类的众多网络迷因（Internet Meme）[㊀]很清楚地表明了我们的文化正在不断地使我们更倾向于消除恐惧。当我们倾听自我怀疑或批评的声音时，大多数的传统建议都是大声斥责这些声音来让它们屈服。就你过去的经历而言，这种方法效果如何呢？这些声音是不是好像经常再次出现呢？当你学会不受影响地倾听，你就会采取完全不同的行为来应对内在批评者。你不需要试图对抗或者忽视批评者，你会在尊重彼此的沟通方式以及合理设定边界的基础上和批评者建立关系。久而久之，你将会发现这个经常表现出愤怒或轻视的评判声音并不像以前想的那样让

㊀ “网络迷因”又称“网络爆红”，指某个理念或信息迅速在互联网用户间传播的现象。——译者注

你感到害怕。

重新描述束缚自己的内心假设。一旦你充分地慢下来，通过觉察身体发现恐惧暗示，并不受影响地倾听，你就做好了准备，从“我不能”向“我能”改变。这种改变是通过重新描述束缚自己的内心假设来实现的。我并不是指大声说出积极肯定的语句然后期待最好结果出现，而是指当基于恐惧的内心假设出现时你能真正觉察到，并有意识地重新描述，使自己不再受恐惧和内心假设的影响。例如，如果基于恐惧的内心假设是“我需要花很长时间才能实现那个梦想”，你可以重新描述为“即使需要花很长时间才能实现那个梦想，我也要为那个梦想而努力，为了幸福这样做是值得的”。当你学会如何重新描述束缚自己的内心假设，你就学会了如何在自我的不同部分之间建立桥梁，一部分的自我会认为你的梦想是遥不可及的，一部分的自我会认为你确实具有无限潜能，还有一部分的自我会认为只要付出足够的努力和拥有足够的勇气，就有可能实现改变。

创建关系圈。强化一种习惯最重要的因素是什么呢？和那些也在培养相同习惯的人在一起。本书的一些读者已经拥有了一个可以依靠的支持体系，在这个体系中有很多人会非常愿意帮助他们塑造自己的勇气。有些人想依靠自己的亲人，然而他们的亲人却并不一定会对他们为改变而付出的努力感兴趣或提供支持。

在本部分你将会学到如何用不阻碍你发展的方式来对待别人的意见，还会学到如何发现那些和你志同道合的人并建立更多联系，他们也想要拥有更加勇敢、更加真实、更加幸福的生活。

在这个过程的最后，我们将会对已经发生的改变进行思考。在完成所有的步骤之后，回过头看看自己取得了多大的进展，认识到自己克服了多少约束和怀疑，这往往会让你倍受鼓舞。通过使用这些方法，你会非常激动地发现自己一直渴望的生活会比自己之前所想的更快实现了。**有意义的生活改变并不一定要花很长时间！当你把重塑勇气的方法应用到生活中，从那一刻你就已经开始改变了。**

我建议你准备一个特殊的笔记本，用来在阅读本书时记笔记以及完成书中的练习。本书还有一个配套网站 http://www.yourcourageouslife.com/courage-habit，你可以从网站上下载与本书配套的表格及附带的音频文件。

从恐惧到勇敢

关于如何使自己“变得更加勇敢”，典型的自助建议是让人们通过大声说出肯定语句来保持积极心态，而努力忽略他们的恐惧或怀疑，或者命令内在批评者闭嘴、走开。而在这本书中你不会发现那些建议，原因很简单，那些方法都不会长期奏效。如果有效，我们每个人都不会再感到恐惧了，因为我们都曾经尝试过用这些方法来应对我们的怀疑和恐惧。这本书不会让你竭尽所能去对抗恐惧，相反，它会首先让你了解如何真正地掌控自己的生活和相信自己。你来决定自己的勇敢生活是什么样的，以及你的最勇敢自我想让你成为什么样的人，想让你做什么事情，想让你有什么样的体验。然后，你按照重塑勇气的步骤来创造那样的生活。你会看到自己梦想成真！

最初，大多数和我交谈的人关于这个过程都会有些好奇，也许还会抱有希望，但他们仍然会半信半疑。我永远不会忘记和亚莉克丝交谈的经历，她之所以和我接触是因为这是她公司培训课程的一部分。在我们交谈的过程中，我发现当亚莉克丝谈起工作时，很明显她非常热爱自己的工作，然而当涉及推销自己的新想法时，她会不断地质疑自己，作为项目经理，她会因为这些想法而被别人视为革新者。她希望公司改变与低级别员工沟通的方式；她希望办公室文化能提倡一种更注重心灵沟通的方式，这样每个人都有机会说出自己的看法。然而，她却告诉我："我以为自己是谁？竟然要告诉公司的主管，关于沟通方式的整个体制都应该改变。如果我跟美国企业界的任何一个人说应该更'注重心灵沟通'，我一定会被嘲笑的。"

像我们中的许多人一样，亚莉克丝多年来一直认为，"如果我不感到那么恐惧，我将会告诉他们我真正在想什么（做出那种改变 / 迈出重要的那一步）。”她总是认为要想做自己一直渴望的事情，首先就需要想办法让恐惧离开。亚莉克丝很聪明，她尝试了大量的“策略”来让她的恐惧离开，但是她一直没有试着真正深入地了解她的恐惧。我们正是要从这里开始探究。

亚莉克丝先从重塑勇气步骤中的觉察身体开始。她开始了解自己的恐惧，并能够发现当她几乎要大声说出自己的想法却又退缩时，在那些时刻究竟发生了什么。她并没有努力去逃避自己的恐惧所告诉她的话，相反，她通过倾听这个让她感到害怕的声音所说的话来开始正视恐惧。通过练习“不受影响地倾听”，亚莉克丝明白了尽管批评的声音很高傲，而且通常很大声，但那并不意味着她必须按照它们所说的去做。从那天开始，她对束缚自己的基于恐惧的内心假设，也就是她曾经告诉自己上级主管会如何看待她的想法的假设，进行了重新描述：“我不确定别人会有什么反应。即使我的想法会被评判，它们也值得分享。”之后亚莉克丝开始创建关系圈，把她的想法告诉几个自己非常了解的同事，然后他们几个人一起和部门主管坐下来开会，提出他们关于改变与低级别员工沟通方式的想法。他们作为一个团队一起大声说出自己想法的勇气也增强了亚莉克丝的信心。“猜猜怎么样了，”几个月后在我们的一次交谈中她说，“他们听取了我们的建议！”

通过实践重塑勇气的四个步骤，亚莉克丝改变了过去逃避恐惧或自我怀疑的模式。通过自己对习惯形成的新的理解，她不再期望突然有一刹那获得勇气从而轻松地说出自己的想法。相反，她会在进行重塑勇气的每个步骤时留意在哪个方面恐惧或怀疑会对她造成阻碍，并把这种阻碍视为一种旧的行为模式，从而决心采取不同的行为。

很有可能，现在你也非常想要在自己生活的某个方面做出改变。也许像亚莉克丝一样，工作的某些方面让你感觉不是很满意；或者也许你知道自己过于看重家人的看法，想要更加勇敢地说出自己的想法；也许你有一个自己非常渴望实现的个人梦想，比如用一张单程票环游整个世界；也许你想做更多事情来改变这个世界所面临的问题；也许你就像曾经的我一样，那时候我意识到自己不愿意再做从前的工作，于是提醒自己审视真正的自我以及真正想要的生活，这个过程让我不安但却十分必要。

我所交谈过的客户都有着不同的目标或者渴望不同的事情，但他们的共同之处是，他们都不愿意再让恐惧或自我怀疑控制他们的生活。他们都不愿意一直等到自己“感觉有足够的勇气”时才做出改变，他们想要立刻采取有效的行动来追寻自己的梦想。

当你开始践行重塑勇气的四个步骤时，你的行为就会由你的最勇敢自我而不是你的恐惧来掌控。你不必等到条件满足时才开始勇敢生活。你今天就可以开始行动！

你需要注意的问题

我知道重塑勇气并非易事。我个人也曾经犯过错误，也曾经很难相信这个过程。然而，我也知道，追寻自己的渴望，并在这个过程中正视恐惧，从而看到自己勇敢生活的实现是绝对可能的。当你整合自己所学的内容时，要注意不要陷入我称为“自我逼迫仓鼠轮”的困境中——因为想要“提升”，所以你就疯狂地奔跑和旋转。就像我的大多数客户一样，我曾经花好几年的时间“提升自己”，读一些励志书，参加讲习班，希望这些方法可以“解决”我自身的问题。当我发现恐惧这个问题后，有很长一段时间我希望可以通过反复劝说、冥想、讲道理或对抗等方式使恐惧离开，那样最终我就会觉得自己足够优秀。但我现在把这种在女性中很受欢迎的模式视为一种需要摈弃的模式。这种模式更注重理性，而不是情感和直觉，它会让你不断努力去达到完美以实现别人眼中的“成功”。

与之相反，重塑勇气模式是让你学会与那些使你不安的事情共处，并从整体的角度对待生活。这种模式是让你在这个过程中接纳恐惧和勇气、怀疑和成功、退缩和发展，最重要的是相信自己的适应力、承受力和内心的善意。这些其实也是我和客户之间心灵沟通的主要内容，在交谈中我们不会把生活视为一系列需要达成的目标，而是把生活视为一个需要参与的过程。

学会参与一个过程需要时间、体验、调整和改进。当我追求自己在生活中渴望的事情时，当我大声说出对于不公正的看法时，或者当我面对批评时，我仍然经常会感到恐惧。我相信如果不是我坚持练习重塑勇气的各个步骤所提供的方法，我会再次感觉自己陷入困境。因为你也要经历这个过程，所以你需要用某种方式坚持每天练习重塑勇气过程中的一些方法。当我开始为改变而努力时，为了能确保完成练习，我会在笔记本后面设计一个小表格。如果我花了几分钟时间完成某个需要做的练习，比如当束缚自己的内心假设出现时，就通过觉察身体来了解自己的真实感受或进行重新描述，并在表格里做一个简单的标记。有些人可能认为在一张纸上用金色五角星进行标记，或者使用带有提醒功能的软件，更能使他们确保完成日常的练习。选择什么方式进行记录并不重要，关键是你选择的方式，要确实能够促进你在日常生活中进行练习。

你将要做的最勇敢的事情是：如果你感到不快乐，你愿意正视自我，正视你正在创造的生活，并做出改变。如果你将来回头看现在的生活，你是否会感到自豪？如果让你来描述自己对生活的感受，你是否会首先选择“愉悦”之类的词来形容？我希望这些可以成为衡量生活是否快乐、充实的新的标准。**你只有这一次生命，重要的是你能够过得好，重要的是你自己，重要的是你的梦想。**

摆在你面前的问题是：为了创造自己的勇敢生活，你会选择发现和改变任何基于恐惧的生活方式吗？我们可以继续逼迫自己取悦他人，试图回避自我怀疑，面对改变犹豫不决，当有机会实现自己长久以来一直想拥有的梦想时退缩不前；或者我们可以做出抉择，认为自己值得拥有更好的生活。

我们可以学会不受他人看法的影响，允许自己按我们想要的方式生活；我们可以确定自己已经厌倦了现在的状况，于是要摆脱曾经的习惯模式，重塑勇气并相信自己能够发现更好的生活方式；我们可以学会如何鼓起勇气说出自己的想法，为我们的关系圈、社会和世界带来变化；我们可以更加注重真实和坦诚，并找到其他同样非常注重那些价值观的人——那些人可能遍布世界各地。这需要你如实地看待自己的恐惧，然后决定你要如何重塑勇气——你完全有能力采取行动。问题是：你要如何选择？

目　录

Courage

第三章 觉察身体

第四章 不受影响地倾听

第五章 重新描述束缚自己的内心假设

第六章

主动交流和创建关系圈

第七章

思考你的勇敢生活

The Courage Habit

第一章
你的最勇敢自我

Courage

可以肯定地说，我们每个人都曾有过这样的体验——你知道自己在工作、人际关系或者日常生活的某个方面出现了问题，但你不知道该如何去改变。当我意识到自己所极力追求的生活方式并不能表现出真正的自我时，同时我也发现自己并不清楚该做什么样的改变——我不了解真正的自我，或者自己真正的渴望。更重要的是，我不敢向任何方向跨出一步，因为我无法确信自己能够做出正确的决定。毕竟，难道不正是我之前所做的各种选择，让我处于现在的境地吗？在那之前当我对自己的人生一次次地做决定时，我一直相信自己正沿着我想要的方向前进，结果却发现这根本不是我想要的方向。

当我对自己之前所做的选择进行更深入的探究时，意识到多年来我其实并不确信自己正沿着我想要的方向前进。回过头来看，我有几点发现：我一直忽略了来自身体和直觉的信号，我总是根据别人对自己的看法，或者我对自己看起来有多棒的期望来进行抉择，而不是倾听自己内心的想法。

从注重外部暗示到关注内部暗示并非易事，这就是为什么我们中的很多人总是尽可能逃避这样做的原因。我的非常理性并且注重实际的自我现在想要倾听我对改变的渴望，但这种渴望是模糊的，难以描述清楚的，而且我经常会感到很矛盾。一部分的自我想要遵循秩序和规则，想要走一条平坦的路，尽管迄今为止这条路并没有使我感到快乐，但至少这条路是我以及我周围的每个人都能够理解的。我并不愿意成为那种“倾听身体的暗示”的人。至于直觉？我并不打算去倾听连科学都无法证实其存在的事物。

问题是我想要尽快制订一个新计划来代替以前的计划，这样我才会拥有一些安全感和掌控感。但既想“拥有远大理想”，同时又想“面对现实”，我反而什么也实现不了。是时候改进这种通过提前制订计划来获得一些掌控感的方式了。无论我人生的下一个计划是什么，我都应该首先发现真正的自我是什么样子，以及什么是我真正想要的。这就意味着在对自我进行深入探究的过程中，需要提出一些更加难以回答的问题。

我们都会感受到来自我们所生活的这个空间的压力和推动的力量。**我们既想得到彻底的改变，也想拥有可行的计划。这两个目标其实都可以实现，只是不会同时实现。**这就是为什么对于任何改变过程而言，首先去发现真正的自我和真实的渴望是非常重要的。我们需要提出一些可以让我们如实看待自我和生活的问题：真正的自我是什么样的？我真正想要的是什么？在我看来幸福的生活是什么样的？我该如何让内在真正的自我与外在生活方式一致？

我和每一位客户在进行第一次交谈时，都会首先要求他们如实地回答一些问题。通过提出正确的问题，就可能使长期隐藏的某方面的自我显露出来。我把这方面的自我称为你的“最勇敢自我”。

本章会对这些问题进行探究，首先提出的就是下面这个重要的问题：“你内心深处真正想要的生活是什么样的？”无论你的答案是什么，它们都会为你开启一扇门，让你能够去探究最勇敢自我——他的生活方式，他注重什么，什么会让他感到快乐，他最想拥有的体验是什么。最勇敢自我其实已经存在于我们每个人的内心中，但我们并没有努力让自己“成为”最勇敢自我，甚至我们需要清除那些盖住最勇敢自我使其不能显露出来的障碍（例如因为自我怀疑而失去勇气）。

这一章的练习包括如实地说出你的问题所在，探寻你的最大梦想，真正了解个人的道德价值观。你会在很多方面有所发现，这些发现就好像是你给了自己一张重要的许可证，可以不受“必须做”和“应该做”的约束，可以尝试描绘一种自由、快乐、勇敢的生活。当你的最勇敢自我显现出来，你内在真正的自我就会站出来，从而成为你外在的生活方式。

你的最勇敢自我是什么样的？

在交谈中，我们努力使客户尽可能具体地描述自己的渴望，这样我们才能针对如何达成他的心愿来制订计划。客户、讲习班学员、研讨会参加者所描述的对自己生活的一些渴望如下所示：

- 能够清楚他们自己想要的感觉，能够做出使他们更能获得那些感觉的决定。
- 追随自己的好奇心，做让自己快乐的事，即使这样意味着离开舒适区或者受到批评。
- 愿意接受新的体验，即使结果无法保障。
- 允许自己犯错，从而使适应力得到提升。
- 不断问自己勇敢的行为是什么样的，并在行动上表现出来。
- 不管遇到什么困难，始终坚信他们能够做自己想做的事，并积极寻求做这件事所需的资源。
- 用自己的进步帮助他人或以某种方式回馈社会。

这些渴望与勇气心理学的研究内容完全相符。勇气心理学是一门新兴学科，它致力于研究人们如何在生活中培养和表现勇气。2007 年，研究者们甚至建立了理论模型对注重勇气的思维方式进行描述，该模型包括了这些思维方式所共同具有的状态和特征

（Hannah，Sweeney，and Lester 2010）。这说明，你的最勇敢自我并不只是把这些特征汇集在一起，他其实是那些特征的表现方式，而这种表现方式正是促成改变的原因所在。

例如，谢伊是名瑜伽教练，她曾在我的一次讲习班上尝试探究她的最勇敢自我。几个月后，她主动分享她的最勇敢自我给她的瑜伽教学方式带来的彻底的改变。在弄清楚她的最勇敢自我之前，她跟许多其他瑜伽老师一样，在课程最后，都会保持轻柔的呼吸行“合十礼”，并提醒学员“摆出同样的姿势”。在我的讲习班课程结束后，谢伊说：“我的最勇敢自我是个非常酷的家伙。我意识到我最想要采取的瑜伽教学方式是那种可以让我对他们大声说出自己想法的方式。在刚开始上课时我会说，‘大家不要逃避自己不喜欢的姿势。去做这个姿势，并且要尽最大可能把姿势做规范，而不是自己首先就打退堂鼓’。我仍然记得我第一次在课上那样说时的情景，以及那种兴奋的感觉。这种方式与我以前在瑜伽领域所看到的有很大差别。当我做出改变后，我甚至还去买了一件机车皮衣。人们对此也能理解，并且我的课总是满员。我的最勇敢自我鼓励我做出了改变，因此我也鼓励我的学员不要安于现状，不要仅仅为了更容易，就逃避那些我们抵触的东西。”

谢伊还意识到自己在爱情和生活方面一直安于现状。她和男朋友马尔科姆已经同居了几年，尽管她想要结婚，但马尔科姆却不愿意受到约束。对于谢伊全新的、越来越勇敢的自我而言，在这段关系中她无法继续安于现状。最后她和马尔科姆痛苦地做出了分手的决定。“现在我又开始约会了，”她和我分享道，“有时候感觉糟糕透了。但就像我跟学员说的一样，不要逃避困难，不要逃避你不喜欢的姿势。现在我所做的事情是我在那段关系中时从未想过的，比如我受邀在这个春天去巴厘岛进行为期一个月的联合教学，对瑜伽教练进行培训。而且，我能做到无论什么时候只要我想出发，就能说走就走。我感觉找到了自我。”

成为你的最勇敢自我并不总是一定要像谢伊那样做出大胆的改变。我的客户艾伦是一名推销员，因为工作缘故她需要经常出差向客户进行演示，她所表达出的最深层渴望只是想拥有自己的时间，以便可以读遍那些她曾经搁置的书。最初，我猜想艾伦之所以会有花更多时间阅读的渴望，只是因为她在多年的奔波后想要休息和恢复，但一旦她给自己休整的时间，她就会有更大胆的梦想。最终事实证明，那正是艾伦的梦想。艾伦最后创造了自己真正想要的生活——有大量时间来阅读。她辞去了工作，搬进了一个“小房子”里，一个仅有 250 平方英尺[㊀]的小型移动拖车，并

㊀ 约 23 平方米。——译者注

大幅度地减少花销。尽管用传统的标准来衡量，这种被简化的生活有些贫乏，但这正是艾伦的最勇敢自我的最终表现。

“每一次我问自己美好的生活是什么样的，答案总会包括阅读更多的书，以及和其他人讨论那些书。” 艾伦说，“那样才会使我真正感到兴奋。长久以来我并没有让自己过上那样的生活，因为那种生活对社会没有什么回馈或贡献。但当我真正去了解自己最想要什么时，我才意识到我以前其实对自己并不了解。我不善于社交，我性格文静——当我还是个孩子时我就是这样的，那时候我总是埋头看书。我希望自己能够再次埋头看书。”后来，艾伦回到学校继续学习，并获得文学硕士学位，这样她就能有一个环境和其他喜欢文字的人一起讨论书籍了。

谢伊和艾伦都在塑造相同的勇敢品格，只是方式不同。她们都弄清楚了自己真正想要的生活，做自己喜欢做的事情；她们都愿意踏上未知的路，允许自己犯错，并在这个过程中会问自己勇敢的行为究竟是什么样的；当她们遇到困难时，她们愿意相信自己会找到解决的方法。但是，她们每个人是基于对自己重要的事情来描绘生活，因此她们的勇敢生活所包含的特征在表现方式上明显不同。谢伊的改变之路包括想要变得更“酷”，想要对自己的真实想法能够更加直言不讳；而艾伦的改变之路包括想要变得更安静，想要能够创造更多的内心空间。刚开始进行这些改变时，她们都害怕承担改变所带来的风险。但是，她们都下定决心，不愿意再接受与真正的自我不一致的生活。

对“无约束日”的设想

在我最喜欢给客户布置的练习中，有一项练习曾经在我努力想要搞清楚如何改变自己的生活的时候，也为我带来了非常多的启发。这项练习叫作“无约束日”练习——坐下来，大胆地设计一整天的生活。在这一天中，你没有任何约束，完全按照自己想要的方式生活，你要详细地描述每一个细节。这项练习一个最大的好处就是会帮助你体验勇敢生活这种方式，而不是列出一系列“要做的”事情。

当你做这项练习时，要注意不要“有远大梦想”的同时又试图“面对现实”。当我第一次做这个练习时，我就曾在这个地方陷入困境。这项练习让你有机会允许自己描述你真正想要的生活，没有约束阻止你，你也不需要被“面对现实”所制约。如果你的恐惧觉得你“要求过多”，或者认为你所描述的生活超出了你在金钱或者时间上的承受范围，那么我会告诉你，这是一个难得的机会，你应该忽略你的恐惧，写下那些看起来似乎“要求过多”

的事情。如果在这个过程中你受到约束，或者告诉自己对于时间或金钱应该“现实”些，那么你将只能创建一种受到制约并且非常现实的生活。让梦想更远大些吧——后面你将会对如何创建这种生活进行更细致的探究，而现在，你只需要拥有一个远大的梦想。

你可以在一张纸上回答这些问题，或者去 http://www.yourcourageouslife.com/courage-habit 网站下载“无约束日”表格。

无约束日

试着思考这个问题：**如果你明天醒来，从早到晚你的生活将会完全按照你想要的方式进行，那样的一天将会是什么样的？**把这一天完整地描述出来。

描述一下你是怎么醒来的。在哪里醒来？当你醒来时感觉怎么样？当你醒来时你有什么期待？

告诉我们你在早晨还会有哪些其他例行安排。

告诉我们你将要做的工作。我们假设在这个练习中，有某种工作会让你心情愉悦，甚至不会让你有在“工作”的感觉，这是可以带给你快乐的工作。

在这一天你会和谁交流？他们是什么样的人？你们是否兴趣一致？

告诉我们你下午及晚上的安排。

作为这种生活的一部分，你将会给社会回馈什么？如何给这一天设定更远大的目标？

在这一天中，什么项目让你充满激情，愿意投入时间？哪些“有趣的事情”是因为你“只是想做”而不是受目标驱动？

告诉我们你和谁住在一起。

告诉我们你如何表达自己富有创造性的渴望。

告诉我们你如何放松和平静。

当这样的一天——你的生活方式与你的最勇敢自我完全一致——结束后，描述一下你躺在床上时的感觉。

人们对“无约束日”这项练习有着各种不同的反应。一些人在练习结束后非常兴奋，他们急切地写下各种宏伟计划；一些人会立刻问自己：他们所写下的事情是否“正确”，他们是否“以正确的方式”来进行练习；还有一些人担心自己所描述的生活还不够大胆。

以下是我关于这项练习的一些分享：这项练习只是为你开启一扇门，让你去思考勇敢生活这种方式。换句话说，它并不是制订具体的计划以使你的生活和你所写的内容一致，而是为你提供了一个机会，让你在注重勇气的同时能跳出固定思维模式去思考。**勇敢生活的人并不一定是那些把所有东西都卖掉移居到一个新的国家的人，或者是那些尝试高空跳伞和进行冒险运动的人。**

尽管在那些例子中人们需要勇气来采取行动，还需要面对恐惧，但是在真正勇敢的生活中，勇气是通过一个人的“生活方式”表现出来的。把勇气视为一种生活方式，就要求你尊重勇气的价值，把“勇气”看作你最优先考虑的个人价值观之一。

注重勇气

注重勇气意味着你在做选择时要把那些勇敢品质考虑进去，并付之以行动——这并不是让你去高空跳伞！如果你是位全职妈妈，并不打算把自己所有的东西都卖掉，移居到另外一个国家，那么你对勇气的注重可能意味着在某一天辛苦照顾孩子的时候，问问自己想要体验什么样的感觉，并使自己的决定与之一致；如果你是期望自己成为公司的高管，那么你对勇气的注重可能体现在愿意承担犯错的风险，并相信自己能够找到解决办法。

当你注重勇气时，你就会经常不断地问自己：“如果是我的最勇敢自我在做决定，我会怎么选择？”当艾伦只是因为自己的渴望而决定简化生活，回到学校时，这正是她问自己的问题；当谢伊穿上机车皮衣，改变瑜伽课的教学方式，决定结束一段停滞不前的关系，而不是仅仅因为安逸就不做改变时，这正是她问自己的问题。她们每个人都用行动表明了对勇气的注重，而勇敢这种“生活方式”正是促成她们改变的根本原因。

有时候，人们在做这项练习时会感到兴奋，但练习结束后，反而感觉更加不确定。还有些人说自己没有感到不确定，甚至于没有任何感觉，做这个练习对他们而言有些困难。如果你也是这些人中的一员，那么也没有关系。恐惧可以有多种表现形式，感到不确定、不安或者做这个练习有些困难，这些正是恐惧的表现形式。这意味着你的内心深处已经意识到改变即将到来，你生活中的某个方面已经到了必须改变的时候。事实上，你能注意到这种不安，这对你调节恐惧或自我怀疑等这些阻碍你的情绪将会非常重要。当你继续学习本书的各章内容时，你会发现有些人在做这个练习时也会遇到各种令他们困扰的问题，但是因为他们不把恐惧或不安视为停止前进的信号，从而最终使自己的生活得到了改变。他们每个人在完成练习后，其实都会怀疑是否真的到了必须改变的时候。但他们并没有因为那些怀疑而停下脚步，相反，他们决定朝着改变自己生活的方向继续前进。他们最终实现了改变，并挖掘出自己真正的潜力。

还有些人在做完练习后对于可能发生的事情会感到兴奋，但同时还会犹豫不决，或者对接下来要做的事情有些不知所措。对于自己所渴望的事情摇摆不定是很正常的。长久以来你一直在用旧的方式做事，现在你在考虑新的可能性，任何人都会感到怀疑或不确定。关键是什么？怀疑、不确定或者不知道自己是否“以正确的方式做事”是这个过程中的一部分，正如你在后面的章节中将会发现，**你只要愿意关注当前发生的事情，你就会开始对一些非常陈旧的模式进行改变。如果在这个过程中你能接纳身体上的感觉，那么你就已经在做出一些改变了。**

在我们对重塑勇气进行更深入的探究前，我们先花点时间把“注重勇气”这种行为准则积极应用到你的生活中，这一点很重要。为了使这个过程更容易，重点更突出，我将会用下面这个问题引导你把个人的勇敢价值观应用到生活的不同方面，“如果是我的最勇敢自我在掌控行为，我生活的这个方面会有什么不同？”然后，在对每个方面进行审视后，再从整体角度看看有什么发现。做这些练习时写下你的答案是非常有帮助的，当然你也可以只是进行思考。（如果你要下载这个练习的表格，可以在 http:// www.yourcourageouslife.com/courage-habit 网站上找到。）

注重勇气

娱乐和休闲：如果是你的最勇敢自我在掌控行为，你对空闲时间的安排会有什么不同？换句话说，如果你纯粹出于自己的兴趣，而不是担心自己选择的事情是否看上去很酷或者是否“最有效”地利用时间，你会怎么安排自己的空闲时间？

职业和工作：如果是你的最勇敢自我做主，你会选择什么样的工作来维持你的生活和生活方式？当你考虑想要换到哪个工作领域，或者渴望从事哪个职业时，这尤其有用。

金钱：你的最勇敢自我将会如何去花钱呢？为了练习的目的，我们将金钱与职业和工作区分开，这样就能使你准确地审视自己是如何省钱和花钱的，以及你的最勇敢自我是否也会这样做。

家庭关系：你与父母或兄弟姐妹等直系亲属的关系会有什么不同？如果你有孩子，你的最勇敢自我会采取什么样的方式育儿呢？至于爱情和友谊需要单独考虑。

爱情和性生活：如果你处于一种承诺关系中，那么这一类包括伴侣或婚姻，以及你对性生活的整体感觉；如果你不是处于承诺关系中，那么这一类只包括约会。如果是你的最勇敢自我在掌控行为，你的爱情生活会有什么不同？

友谊：这一类包括各种各样的朋友，从你认识最久的人，到你想要进一步了解的同事。如果从对你的最勇敢自我有利的角度考虑，你将会如何与他们建立友谊。

健康和身体：这一类都与身体有关，包括如何休息、如何锻炼、如何为身体提供营养以及如何治疗疾病等各个方面。

居住环境：这一类全都与你在实际生活中的居住空间有关，你的最勇敢自我会采取哪些行动来创造一个感觉更像“你”的空间，还包括解决你和住在那个空间里的其他人之间的冲突。

个人成长和发展：这一类包括个人目标或者你想要激励自己的方式，例如也许你一直想要写一本书或者跑一次马拉松；也包括你希望能够更经常体验到的感觉，例如也许你会说，“如果是我的最勇敢自我在掌控行为，我知道我会感觉多一些踏实，少一些迷茫”或者“在做决定时我会感到很自信”。

作为这个练习的最后一步，请重新看一下你所写下的内容，并留意是否有什么内容引起你的注意。你要找到那些可以让你感到激动的内容，让你可以有这样的想法，“哇，我竟然想那样做，真是让我吓一跳。但如果成功实现了，那将是多么美好的生活啊！”把任何对你有这种强烈吸引力的事情标记出来，并把它视为一个信号——说明你更勇敢的那部分自我会愿意在那个方面出现。

确定主要关注点

现在你已经完成了“无拘束日”和“注重勇气”的练习，关于你更加勇敢的生活会是什么样的，你也有了很多不同的想法。有一些只是小的变动，有一些则会使生活发生根本的改变。

完全改变生活的想法是不切实际的——更不用说还会让你感到恐惧——因此我通常鼓励人们只需要确定三件他们想改变的事情，并把这三件事作为本书后面章节里练习“重塑勇气”各个步骤时的主要关注点。我之所以建议你缩减至三件事，是因为这样你就可以针对比较容易着手的一小部分做出改变，而不是一次试图做过多的改变。

主要关注点可以有切实的目标和明确的结果（例如，把艾丽丝·沃特斯烹饪书里的所有食谱都做一遍，在摩洛哥待上两个星期，等等），也可以有比较模糊的目标（例如，与真正的自我重新建立联结，了解哪些模式会破坏我的婚姻，等等）。通常人们在确定主要关注点时这两种情况都会存在，因为我们知道尽管在字面上说的是目标或行动导向，但实际上我们说的是当你采取行动时你希望对自己以及自己的生活有什么样的感觉。如果当你写下这三个主要关注点时，你感到有趣、激动、有点紧张、非常兴奋，那么，你正沿着正确的方向前进。

如果你已经清楚地知道自己的三个主要关注点是什么，那太棒了！现在就可以把它们写下来。如果你觉得自己的关注点过多，想要获得一些帮助把它们缩减到三个，有这样几种不同的方法可以帮你厘清自己的主要关注点。把下面这几个方法都读一遍，看看哪个方法最吸引你，然后选择这种方法进行尝试。为了避免感觉压力过大，可以只选择一种方法来完成缩减，“做完”胜于“完美”。

好奇、兴奋和愉悦。重新浏览你在“最勇敢自我”或者“无约束日”练习中所写的内容，并留意哪些事情会使你感到兴奋、好奇和愉悦，即使那只是微不足道的小事。把这些事情画线或用彩笔做标记，然后从中选择三件事。当谢伊重新浏览她在“无约束日”练习中所写的内容时，她注意到她曾写过早晨起床套上一件黑色的机车皮衣。当她进一步缩减主要关注点时，想象那件皮衣的样子使她感到好奇和愉悦。沿着这个细节继续探究下去，就使她跳出固有思维模式来思考作为一名瑜伽老师她应该如何教学。

你希望实现什么样的生活？重新浏览你在之前任一练习中所写的内容，并且认真思考这个问题，“我希望从现在起六个月后自己的生活是什么样？”如果有某件事能让你认为，“如果从现在起六个月后，我的生活是这个样子，那简直太棒了啊”，就把那件事画线或用彩笔做标记。同样，只选择三件事。

请教你的最勇敢自我。就像在生活的不同方面注重勇气一样，你也可以从整体上把这种方式应用到生活中，你可以问问自己：“如果是我的最勇敢自我在掌控行为，我会选择哪三件事？”

停办事项清单。有时候我们需要首先弄清楚自己不想再做的事情，然后再“倒回到”我们想做的事情上。什么事情让你受够了？什么事情正在慢慢消耗你的能量？列出你想停止做的事情的清单。然后重新浏览你在之前两个练习中所写的内容，重点寻找你可能着手做的那些与清单项目相反的事情。例如，如果“欠债”作为让你受够的事情被记录在你的停办事项清单上，你就要重新浏览之前这两个练习，找到能让你摆脱债务的勇敢生活方式。当艾伦决定搬进一个小房子时，她正是用这个方法开始跳出固有思维模式进行思考的。

记住，为了使上面所提到的改变容易实现并且持久，很重要的一点是你需要缩减主要关注点，只选择三件事情作为你整个“重塑勇气”练习中的主要关注点。如果你觉得的确需要再增加一个主要关注点，记住在完成重塑勇气的各个步骤后，你总是可以回到开始再来一轮。如果你把所有的精力集中到几件让你兴奋的事情上，而不是贪多嚼不烂，那么你将会更有可能实现改变。

改变的理由

在这个时刻，一些人会有片刻甚至更长时间的犹豫是很正常的。一方面，你可能会对最终创造自己渴望的生活感到兴奋；另一方面，你可能担心自己的期望“过多”。

“我觉得自己挺自私的。”我的一位客户詹妮尔告诉我。她的主要关注点是释放自己的压力，这种压力是作为一名随叫随到、不断付出的 24-7[㊀]妈妈的压力，并希望能找回当妈妈前的自己。与詹妮尔一样，其他女性也曾向我分享过类似的想法，她们都从社会上接收到同样的信息——如果一个女人，尤其是当母亲的，关注或满足自己的需求，这就是自私的行为。

㊀ 7 天 24 小时。——译者注

事实是：一个人想要在自己的生活中更加勇敢，并不是一定要在使个人受益和使他人受益之间选择。在我对关于人们如何改变的研究进行总结时，我偶然发现一个令我非常感兴趣的研究。在 2009 年一个关于自我认同的研究中，研究者发现当目标不仅使个人受益，也使集体受益时，目标制订的过程会更有成效。研究者把仅使个人受益的目标称为“自我形象目标”，把既使个人受益又使他人受益的目标称为“关爱他人目标”。研究者发现关爱他人目标更容易被实现，一部分原因就是目标制订者知道其他人也将会受益，所以更有动力坚持下去。关爱他人目标也会使目标制订者在实现目标时，会更满意自己的成果（Crocker，Oliver，and Neur 2009）。

想一想，如果你把自己的改变与这种改变给自己及更广阔的世界所带来的益处联系起来，那会多棒啊。你不仅会让他人受益，而且更有可能达成目标，当你实现那些改变时也会更加满意。我认为这一点同样适用于摆脱以前的恐惧反应模式，使自己的生活变得更富有勇气这个目标。当你变得更加勇敢，你的生活就会得到提升，你周围那些人的生活同样也会得到提升。

花些时间想一想，如何让你的主要关注点不仅使你，同时也使周围人以及更广阔的世界都受益。例如，如果你的主要关注点是环游世界，哪些人会受益呢？刚开始你也许会认为只有你一人会受益。但如果你把视野拓宽一点，你就会有更多的发现。例如，纯粹从实用角度考虑，你的旅行会给旅行地的当地经济带来哪些好处？再进一步拓展，也许你已经觉得生活失去了乐趣，环游世界正是可以让你走出那种情绪的人生经历。一个人不能从枯井中取水，但是如果你的内心因为这样的旅行经历而再次感到充实，你也就会再次获得快乐，从而就会对你周围人的生活产生积极影响。也许因为你更加快乐，当家人与困难抗争时，你也就会更有能力来支持他们，你在工作中也会拥有更好的团队精神，或者你会觉得自己终于能够有精力做更多的志愿者工作。记住我在前言中所分享的：**不快乐和不满意都是生活中某些方面出现问题的信号，都值得我们去关注。**

你的伴侣、孩子、工作或其他人是否会因为你决心表现出最勇敢的自我而受益呢？当你在个人生活中更加勇敢，关于那些对自己很重要的事情，你是否更敢于大胆说出自己的想法呢？善待自己是否会让你觉得能为别人提供更多的帮助呢？当我与人们对此进行讨论时，当我倾听他们是如何重新找回对自我非常重要的东西，从而更多地回馈他人时，这些问题的答案显然是肯定的。

女性尤其会被要求不断地自我牺牲和付出。这里我要澄清的是，这并不是让你的目标为他人服务，以使他人更易接受。相反，我要指出的是当你决定想要怎样改变自己的生活时，研究表明如果你可以在使自己受益和使他人受益之间找到关联，那么每个人都会更快乐，每个人都是赢家。

把“改变自己生活的理由”进行拓展，使之包括使他人受益，这也会在你遇到困难时，成为一种强大的激励因素。甚至当你感到恐惧或者自我怀疑时，也会更有动力继续前进，因为你对改变的渴望并不仅仅是为了自己。

如果你打算放弃对自己真正有意义的生活方式，还会带来很大的问题——社会将永远无法得到来自你的给予。

勇敢生活会让你很容易在生活中更加快乐。你将要迈入一段冒险之旅，一路上会充满起伏、乐趣和挑战。要转变成为你的最勇敢自我，在这个过程中难免会遇到困难，但更重要的是也会带给你很多惊喜。我们都听过这样一句话，**“当你不再害怕，你就会得到想要的一切。”**在后面的章节中，你将会对这一事实有更直接的感受。

The Courage Habit

第二章

习惯和勇气

Courage

我曾经在一次讲习班上让学员尝试挖掘自己内心最深处的渴望，一位女士发言说：“我只希望自己能不再感到那么恐惧。”在房间的另一侧，另外一位女士大声说：“亲爱的姐妹，咱俩一样。”第一位发言的女士笑了起来，刚开始时她的面容还有些紧张，然后整个房间的人都一起笑了起来。这是最可笑的事，不是吗？当我们追求梦想的时候，我们都希望自己不会感到恐惧。但为什么没那么容易做到呢？

之所以不会那么容易做到，是因为人类天生就不会忽略任何情绪。正如羞耻感方面的研究者和发起者布琳·布朗（Brené Brown）博士所说，**“你不能选择性地关闭情绪”。情绪是一个整体，这意味着如果你试图关闭恐惧情绪，那么你也可能限制自己感知快乐的能力。**

如果我们能够只把令我们不安的情绪清除掉，那么事情一定就会变得更容易，但是在冒险尝试某件事的过程中出现恐惧情绪（自我怀疑、紧张、犹豫——恐惧有很多名字）是正常的。任何一个拥有开放心态、好奇心并能表达自己情绪的人都会承认自己会对某些事感到恐惧和不确定。没有恐惧是不现实的。承认恐惧情绪的存在并不意味着一个人的内心缺乏安全感。相反，承认感到恐惧或自我怀疑无论对于改变还是努力实现对自己非常重要的事情，都是有益的。

为了实现你内心最深处的渴望，努力让自己不感到恐惧是徒劳无功的。相反，当你完全理解和承认恐惧，就会阻止这种情绪对你的生活造成影响。那正是我们要在本章中所要探讨的内容。通过学习习惯形成背后的一些科学理论，你将会清楚地了解恐惧和自我怀疑情绪是如何运作的。你将会明白为什么会感受到那么强烈的恐惧情绪，以及为什么会本能地有想要放弃的冲动，就好像不可避免一样。你将会了解到，事实上这种冲动是可以避免的。正如我对客户进行引导一样，我会给予你同样的帮助和指导。另外，我还会分享一些其他人的经历，他们也经历过这个过程，从而你就会发现并不是只有你是这样的。

通过了解大脑相关知识，以及影响恐惧反应模式或勇气的暗示、惯常行为和奖赏，你将会清楚地了解自己过去是如何陷入困境的，并能够很快地对自己想要的生活方式做出选择，从而能够开辟出一条新的道路。如果能够经常进行重塑勇气的练习，你就不会再陷入过去的恐惧或自我怀疑模式中，并会看到真正的改变发生。

习惯的力量

在第一章你选择了三件想要做出改变的事情作为贯穿本书的主要关注点。如果你还未曾感到些许怀疑或犹豫，那么一旦你开始针对自己的关注点采取行动，你就会非常有可能感受到这些情绪。如果你已经知道自己一定会感到恐惧，并且无法避开这种情绪，现在的问题就变成了：你将如何有效地应对这种情绪？

仅仅有想要改变的愿望和意志是不够的。在大脑中存在着控制习惯形成的反应机制，这对于我们如何应对恐惧情绪起着重要作用——我们大多数人从未考虑过这个问题。首先让我向你简要概括一下现代科学关于习惯形成的研究。习惯形成的过程主要分为三个步骤。（下面我们要聊一些别人觉得高深的话题，这会非常酷。）“暗示”就好像触发事情的开关；“惯常行为”就是那种开关触发后的一系列行为或反应；惯常行为的目的是获得“奖赏”，奖赏就是当紧张情绪消除后你所感到的放松。

我们通常认为“习惯”就是“做”某事——锻炼的习惯，使用牙线的习惯，或者到办公室后查看邮件的习惯。当我们与家人和朋友交流时，当我们在家和工作时，当我们在杂货店排队时，或者当我们坐在电脑前时，我们一整天都在完成各种暗示—惯常行为—奖赏回路。有些暗示是非常温和的，例如早晨你听到闹钟响，就能感觉到这种暗示于是起床。当然，有些暗示会让人感到比较难以承受，例如同事的批评或伴侣的酗酒问题，这种暗示会使人感到恐惧或者自我怀疑。当应对暗示—惯常行为—奖赏回路时，要解决的问题是：我们要如何中断那些对我们的生活没有帮助的回路。

查尔斯·都希格（Charles Duhigg）在他的著作《习惯的力量》（*The Power of Habit*）中指出，并不是只有我们想要做的事情会受到暗示—惯常行为—奖赏反应过程的控制。我们在生活中的很多情感体验都会遵循同样的暗示—惯常行为—奖赏回路，包括我们对恐惧的感受和反应。

那正是亚丝明开始采取行动时所注意到的事情。当我们一起确定她的主要关注点时，她有一个非常大胆的想法：找到一个可以作为工作室的地方。多年来，亚丝明一直在厨房的一个小角落里画画，她希望租一个地方用作专业工作室，这样就可以创作大幅作品，甚至是壁画。起初，她只是感到兴奋，但是当她在经理的陪同下参观一个为艺术家提供创作空间的大型仓库时，她感到恐慌。

站在那里，面对分隔每个艺术家创作区域的隔间，她突然觉得自己很愚蠢。“我不断对自己说‘你不是一个真正的艺术家，如果把钱浪费在租工作室上，那太愚蠢了’。”她告诉我，“我必须尽快离开那里。那个经理可能以为我疯了。现在谈起这件事，我知道自己确实应该尝试一下。但是，在那个时候，对我来说这种压力实在难以承受。”

感到恐惧和不安是亚丝明身体的暗示。许多年来，亚丝明对那种暗示做出反应的惯常行为总是逃避令她感到不安的事，以尽快获得释放压力的奖赏。这种反应模式与暗示—惯常行为—奖赏回路有着重要关联。在任何时刻，当我们的自我怀疑非常突出和强烈时，我们就会本能地想要尽快地释放压力，即使那个选择与我们更为远大的人生梦想相悖。

当我说“本能”时，我指的是暗示—惯常行为—奖赏这个回路，因为它的产生是源自大脑中被称为基底核的那部分结构。我们可以把基底核看作行为的“控制中心”。基底核根据你的身体和周围环境的状况，决定你应该如何去应对。当它感知到恐惧或自我怀疑时，它的任务就是要释放那些情绪所带来的压力。基于过去的有效方式，它会暗示你采取能让自己最快释放压力的惯常行为。那些惯常行为有多种形式，但促使基底核选择它们的原因是相同的——避开任何会让你感到恐惧或自我怀疑的事情。

下面是暗示—惯常行为—奖赏过程的一个例子。

暗示：感到恐惧。

惯常行为：避免采取行动（如亚丝明对工作室创作空间的反应）。

奖赏：由于释放了压力，精神压力就会暂时减少。

每一次我们遵循基底核的神经冲动，做出相同的惯常行为，就会加强整个回路。大脑会认识到这种回避行为（或其他任何基于恐惧情绪的惯常行为）对于释放压力是有效的。基底核也注意到了那一点，于是还会再次产生那种神经冲动。

难道那就意味着我们完全受这种暗示—惯常行为—奖赏回路的支配吗？值得庆幸的是，并非如此！从根本上来看，基底核通过暗示—惯常行为—奖赏回路所形成的本能行为具有一定的积极意义：使我们不必整天对每一件小事都要努力思考以做出选择，从而可以节省脑力。因为你想要改变生活，采取大胆行动，所以就需要了解这一回路是如何运行的，并要用它来强化勇敢行为，而不是基于恐惧的惯常行为。

都希格在关于习惯形成的研究总结中指出，对任何想要改变这种回路的人来说，有件事情非常重要：如果我们的情感生活受到暗示—惯常行为—奖赏回路的影响，那么我们要想做出改变，最有效的切入点就是改变惯常行为。仔细想来，这的确有道理。我们无法通过控制生活的各个方面来避开会给我们“暗示”的压力环境，账单需要支付，生活中会遇到爱指责的人，的确存在体制压迫（因为性别、种族、社会阶层或性取向而被剥夺机会）。（这就是为什么那种鼓励你假装困难并不存在或忽略自己恐惧情绪的励志自助计划行不通的原因——因为你总是在努力忽略恐惧！）希望任何人都不再想要获得减轻自己恐惧情绪或压力的“奖赏”，这与人的天性相悖，如果没有相应奖赏就无法实现行为的改变。所以最有效的改变切入点就是从不同的角度思考如何对自己感觉到的暗示进行回应。

现在就让我们开始吧。让我们对暗示—惯常行为—奖赏这一回路进行更仔细的审视，首先我们来看看触发所有其他反应的“暗示”（身体上的恐惧感觉）。

你的恐惧情绪是如何出现的?

当我第一次与埃利安娜交谈时，她开门见山，直入主题：“我只需要教练提供关于时间管理和责任感的一些帮助。”她语气轻快地告诉我。我那时跟她是通过电话进行交谈的，对她长什么样一无所知，但通过她的语气，我感觉到她应该是一位穿职业套装的女性，就好像电视剧《丑闻》（*Scandal*）里的奥莉维亚·波普。

埃利安娜说自己马上就要完成MBA的课程，目前正在一家咨询公司做全职工作，需要每月出差一周。我让她再更多分享一些为什么想要获得教练指导的原因。她解释说："我参加了时间管理的课程学习，并且把我所有的文件都按字母分类并用不同颜色进行标识，还在我的手机里设置了无数的提醒，但是并不管用。这些提醒基本上一整天都在不断地响，但是一旦有几项出现滞后情况，我就甚至懒得看手机了。我没有恐惧方面的问题。我只是在时间管理上存在问题。你能帮助我解决这个问题吗？"

"也许会的，"我说，又补充道，"只要我们以开放的心态来对待，恐惧问题和时间管理问题也许会有某些共同之处。"

埃利安娜笑着说："当然啦，当然啦——只要有用我都会感兴趣。只是不要有心理分析！"

"在我这里不会有的，"我微笑着说，"我对弗洛伊德从来都不感兴趣。"

我们一起尝试去弄清楚埃利安娜在时间管理上的问题。几个星期后，埃利安娜能够更加自在地和我分享她的感受。她试图让生活井井有条，我们对此进行了讨论并发现了更深层的原因。尽管从表面上看，她已经有了很多让人印象深刻的成就，但为了让同事把她视为"具有团队精神的人"，她常常承担过多的任务。这使她感到不堪重负，但她会竭力隐藏这种情绪。由于她经常要反复对工作进行核查，以确保不会有别人能注意到的疏漏，这就让她感觉更加不堪重负。

当我问她，如果其他人看到她犯错了，会有何不妥？在她看来答案是显而易见的："因为那是不专业的，因为人们会认为我每件事都做不好。"可问题是，没有人能够做好每一件事。如果他们试图每件事都做好呢？那他们就会像埃利安娜一样感到不堪重负。我觉得我们两人都意识到了这点，但我知道只是简单地告诉她"停止"承担自己工作范围以外的任务，并不能解决问题。我想看看是否能够更加深入地进行探究。

"如果你的同事看到你不能把每件事都做好，将会发生什么事呢？"我问道。电话那端有很长时间的沉默。

"我会感到很尴尬，"她最终说道，"当然，实际上给我的工作也会带来影响。我可能会失去进入好的项目或晋升的机会。而且，我是我们团队中的女性成员——唯一的女性，那些男人们则全都联合在一起。所以，事实上如果我犯了那样的错误，我不仅会感到尴尬，还会觉得没有人支持我。"

那是第一条线索，说明表面上表现出的"时间管理问题"和恐惧之间其实存在着一些关联。埃利安娜的恐惧是合乎情理的，是基于她所观察到的事实，即在公司里人们是如何对待女性的。长久以来，她所承担的工作任务已超过她的承受范围，她一直隐藏着自己的压力和不堪重负的情绪，因为她不想被那些男同事们视为“那些情绪化女人中的一员”。

“那么，是否可以肯定地说，我们已经发现了让你感到恐惧的地方？”

“好吧，好吧，你赢了。”她说道，然而我听出她的声音变得轻快起来，也许还有一丝解脱，“是的，也许在那个地方我的确存在恐惧情绪。”

我对埃利安娜的做事过程越来越了解，当我们讨论她完成一件事情的流程时，我注意到一些值得关注的事情。由于担心有疏漏之处，埃利安娜经常在做一件事情的过程中额外再插入几步。例如，她需要完成一门MBA课程所要求的作业，但她认为在此之前必须升级电脑的操作系统和文字处理软件；然后她发现用来备份的外接硬盘几乎没有额外的存储空间了，所以她决定在开始做作业前，先去趟苹果公司专卖店买一个新的备份硬盘；当她整个星期六下午都在做那件事之后，她意识到自己已经错过了午饭时间，而当时又该吃晚饭了；当她吃完晚饭后，感觉精疲力尽，无法集中精力做作业了。

当我们对埃利安娜日常生活的各种细节进行讨论后，我告诉她：“我想知道恐惧的表现方式是否和你认为的方式不同。你曾说过自己并没有真的感到恐惧，在你看来恐惧就像是……一种非常强烈的感觉，如果你感觉到，将无法采取任何行动。但是就你的情况而言，会不会当你感到恐惧时，这种情绪是以一种紧迫感的方式表现出来。我想起你曾说过，当你感觉到身体的紧迫感时，你的反应方式最终会让你偏离方向。紧迫感是一种强烈的情绪，是身体的一种感受，还会伴随着某种焦虑。如果是某个小任务，你会比较容易对那种情绪做出反应，比如升级电脑软件，而不是去完成作业。这种情绪会驱使你马上去把某件事完成，可能是任何事，即使那意味着会错过更重要的事情。”

当我把这个问题完全说清楚后，埃利安娜承认自己的确是这样的情况。埃利安娜每一次面对工作任务时，都会感到有紧迫感，这种紧迫感也会带来焦虑，使她感觉到有马上去证明自己的冲动。埃利安娜刚开始对于紧迫感的回应似乎总是“就去做吧”，以摆脱这种情绪。而她并没有发现这种紧迫感就是“恐惧”的表现，因为她认为恐惧就像人们在看恐怖电影时所体验到的那种如电梯直降般的强烈感觉，那种感觉会让她无法采取任何行动，而她一直在采取行动。其实，这些紧迫感正是她的恐惧情绪，而她在做出反应时并没有去质疑这些紧迫感提示她所做的事情是否对她有所帮助，这就使她好像掉到了兔子洞幻境一样，被困在了很小的事情上，从而使她无法对自己做的事情有成就感或感到满意。

埃利安娜曾经认为，她是一个积极进取的人，会追求自己渴望的事情，所以她只在时间管理上存在问题，并没有恐惧方面的问题。然而当她认识到紧迫感（恐惧）是如何造成她生活中的其他问题时，她感到非常吃惊。对于埃利安娜而言，她的改变就从探究那些紧迫感开始。在接下来的几个月中，我和她一起了解如何识别恐惧在她生活中的不同表现方式。我们创建了一系列具体的步骤，从而来改变她长期以来所陷入的反应回路。

你所体验到的恐惧可能跟埃利安娜的恐惧完全不同，但就像埃利安娜的恐惧一样，它可能以某些不会被称为“恐惧”的方式表现出来。例如，你是否曾因为总是健忘而感到困扰？其实那正是我们感到恐惧的一种常见的表现方式，只是我们以为自己仅仅是“健忘”而已；你会不会感觉到莫名其妙的愤怒？有些人在遇到难以承受的压力时，并不会感到紧迫感和做某事的冲动，他们的恐惧会表现为对他人感到愤怒，他们会认为之所以自己会感觉到压力，都是别人的过错。（大多数人都遇到过这样的上级，他们会用这种方式发泄怒气，来应对自己的恐惧和压力。）有些人通过身体感受到的恐惧情绪会表现为突然全身无力或出现头疼等症状，或者陷入某种健康危机。还有些人会感到全身麻木，就好像他们的生活在自动运行，他们毫无感觉；或者会出现一种“需要关注”的情绪，虽然不是临床上的抑郁症，但那种情绪也是不对劲的。不管你的恐惧在你的生活中以什么方式表现，有一点是不变的：这种恐惧让你无法使自己的做事方式与自己真正想要的生活方式一致，或者让你无法采取必要的行动步骤来实现自己的梦想。

请你思考下面这个问题：在你感到恐惧的那一刻，你有什么样的恐惧体验？记住，你可以选择其他更能使你产生共鸣的词语来代替“恐惧”。你可以称其为“紧迫感”“自我怀疑”“忧心忡忡”，只要那些称呼让你感觉更为准确些。试着描述一下当你在现实生活中感到恐惧的时候，你有什么样的感受。你是想关闭对情绪的感知，还是反而会变得过于敏感，或者让自己更努力些？你是很快就有了想法，还是感觉自己无法明确表达出大脑中的想法？

为了能清楚地了解你对恐惧情绪的特定体验，想一想上一次让你感到恐惧的情形。也许你正向某人倾诉自己的真实感受，也许你正在推销一个想法或者寻求帮助，也许你正在接受老板或家人的批评，当你别无选择必须做某事时，或者有人对你感到生气失望时，你的身体会有什么样的反应？把你所能记住的恐惧感受写到纸上。你所感受到的恐惧情绪是什么样的？它们是通过身体的哪个部位表现出来的？一旦你意识到这些情绪，你有什么反应？

就像埃利安娜一样，如果你能发现自己对恐惧情绪的特定体验是什么样的，就能帮助你通过身体暗示觉察到自己的恐惧情绪。这种感觉是什么样的，什么样的冲动会反复出现，当我们开始改变惯常行为，以及整个暗示—惯常行为—奖赏回路时，能够觉察到这些恐惧情绪的暗示具有重要意义。通过身体暗示表现出来的恐惧情绪也会提示我们究竟对什么感到恐惧。这正是我们在下一部分所要探讨的内容。

弄清楚你的特定恐惧

既然你已经花时间去观察并弄清楚了恐惧情绪在你身体上的表现方式，现在我们要进行更为具体的探究。你所体验到的特定恐惧、怀疑或焦虑是什么样的？也许这种情绪是在下面的某种情况下出现的：当你不知道如何进行回应时，当你也许会失败时，当你感到脆弱时，当你失去一份感情时，或者当你可能遭到拒绝时。或许，这种情绪是害怕对生活的期望越多，你就会失去现在所拥有的一些东西，会需要太多的付出。

弄清楚你的恐惧

这里有一些问题能帮助你弄清楚自己的一些特定恐惧。记住，每个人都会有让自己感到恐惧的事情。**如果你的第一反应是没有任何事让自己感到恐惧，那么就要考虑这种反应是否是一种无意识地回避恐惧的方式。回避恐惧是一种想要消除恐惧情绪的方式——你假装恐惧并不存在或者远离这种情绪。**如果你还记得，这正是长期以来我应对自己恐惧的方式，这使我的生活和快乐也付出了巨大的代价。即使你认为自己是一个高成就者，在追求自己渴望生活的过程中，并没有出现什么问题，也请你对下面的问题进行更深入的探究。很可能无论你有多么成功，也许都会在某种状况下出现恐惧或自我怀疑。

写下你的答案，或者用其他方法来记录你的体会。（我们还在 http:// www.yourcourageouslife.com/courage-habit 网站提供了这个练习的表格，可以下载使用。在这个网站中你还可以发现大量关于本书练习的一些其他补充资料。）另外，你还可以跟朋友讨论这些问题，请他告诉你，对于你在生活中的行为他有什么发现。

1. **你长期以来一直拥有的梦想是什么？或者你渴望实现但还未实现的生活改变是什么？**写下你的愿望，并尽可能详细地加以描述。不要只写“环游世界”或“在我的家庭建立合理边界”这样笼统的语句，要写下你所能想到的关于环游世界那个梦想之所以非常重要的所有原因，或者写下当你努力实现了在你的家庭建立合理边界后你将能够做的所有事情。
2. **当你向自己解释为什么没有实现那个梦想或者生活改变时，你会给出什么样的理由？**除了没有足够的时间或金钱，没有实现的其他原因是什么呢？把所有的原因都写下来。
3. **你注意到自己在什么情况下会跟别人进行比较？比较的内容究竟是什么呢？**（例如，“我在工作中会跟别人比较。另一个女人看起来更富有创造性，有更好的见解”，或者“这条街上的一个邻居有三个孩子，但作为妈妈，她总是看起来好像比我更能掌控局面，尽管我只有一个孩子”。）
4. **想一想在你做各种事情的过程中，恐惧如何对你造成阻碍。恐惧又是如何在你还未真正开始时就阻止你？**

或者当你终于开始行动时，恐惧却突然袭来，让你感到不知所措？

5. 从五个不同的方面完成这个句子：当……时，我感觉自己还不够好。

当你回答完这些问题时，浏览一下你的答案，看看是否有重复的内容——经常会出现的想法，经常告诉自己的话，或者反复出现的情形。比如，有没有一个想法总是会反复出现？（例如，“我总是认为现在还不是时候。”）你是否好像总是在告诉自己某件事情？（例如，“不管我是感到害怕，还是感觉自己不够好，我总会对自己说‘何必费力去尝试呢？’”）你是否发现某个情形好像反复出现？（例如，“每次我开始行动后却没有坚持到底，都是因为我感到没有足够的金钱，所以我决定不得不放弃去追求自己的梦想，好去赚更多的钱。”）

你要确保自己能够对这三种特定恐惧进行区分，并写下来。在你做后面章节的不同练习时，将会针对这些特定恐惧进行练习，这样当整本书的练习都完成后，那些恐惧在你心中的分量就会有所不同。

在这个过程中请以温和的心态对待自己，仔细观察我们所恐惧的事情并不容易。这个过程不是要消除恐惧，因为那是不可能实现的。你需要“走进”恐惧并仔细地观察。你不会像触动转换开关一样一下子就让勇敢成为一种习惯，这并不是改变发生的方式。对自己以及改变过程保持温和心态是非常必要的，这样能够使你达成想要的目标。

四种常见的恐惧反应模式

我听过很多人分享他们自己的恐惧体验，几乎每个人都会多少有些担心自己的恐惧体验过于特别，不太容易得到帮助。然而，我发现有四种恐惧反应模式最为常见，我把它们分别称为：完美主义者模式、自我破坏者模式、讨好者模式、悲观者模式。下面我会对这几种常见的恐惧反应模式逐一细化，概括出当我们陷入这些模式时通常会想什么、说什么以及做什么。

尽管你可能在这几种模式中都会发现与自己某些方面相符的特征，但是通常有一种模式会占据主导地位，是你经常会表现出来的，那正是我需要你在看每一种模式的描述时所思考的问题。弄清楚你最有可能表现出来的恐惧反应模式，将会帮助你更加全面地、更切合实际地了解这一模式，从而这种模式就很难在你没有意识到的情况下反复出现了。

完美主义者模式

完美主义者模式是在“想要做得更好”这种念头的驱使下形成的。完美主义者会习惯性地对结果感到不满意，有时候这会使他们对周围的每件事都进行指责，并且因为不完美而感到恼怒，无法在生活中顺其自然。陷入完美主义者模式的人通常会发现自己在生活中的很多方面都偏离了计划，但他们会假装一切正常来掩盖自己的不完美。完美主义者为了看上去很好或者受到外界的认可，会去做很多分外的事。或者，因为他们不相信其他人会按照他们的标准做事，有时候会由于设定过高的目标而让自己不堪重负。

完美主义者经常会发现他们内心总是在指责自己或他人，他们本来可以把事情做得更好，或者其他人本来可以把事情做得更好。完美主义者可能会对自己说：“你为什么没有发现那个错误？它是那么明显。” 或者，“如果他们不能把事情做对，让他们去做又有什么意义呢？”当事情超出他们的掌控时，他们要么归责于外部，指责他人；要么归责于内部，指责自己。他们总是承担过多的事情，感觉不堪重负或非常疲惫，或者把忙碌视为一种“兴奋”，因为把待办事项清单上的一项项工作划掉让他们“感觉很棒”。然而，“兴奋”也有暂时平息的时候，在那一刻，完美主义者会感到非常疲惫，会对不断增加的职责有些愤愤不平，或者觉得自己总是最后才能享乐。陷入这种模式的人看起来似乎没什么问题，生活也很美好。然而在他们的内心，他们经常会感到疲惫、愤怒，就好像他们并不真正了解自己或自己的渴望。

其他完美主义者模式的行为还可能表现为在小问题上吹毛求疵，对小事过于生气、过于劳累，想要有掌控感，对他人或自己总是加以评判。这种评判会让他们有时认为自己比其他人强，有时暗自跟别人比较，又觉得自己还不够好。他们评判他人时可能会对自己说：“我的意思是他为什么不能把事情安排妥当呢？”有时候，这些行为可能会变为一种“刻薄女孩综合征”，包括争强好胜、嫉妒或者破坏他人的成果。因为此种模式是靠认可来驱动的，以同事或其他人的称赞作为“奖赏”，会让他们很难看到摆脱这种不断重复做事的回路所带来的好处。完美主义者很难区分下面这两种高标准，一种是可以帮助他们拥有更美好生活的高标准，一种是让他们精疲力竭以至于很难继续下去的高标准。

自我破坏者模式

自我破坏者模式的特征就是由于总是“前进两步，后退一步”，而无法获得持续发展。陷入自我破坏者模式的人，会发现自己经常从一件事跳到另一件事，对承诺的事很难做到。也许一开始他们对某件事感到兴奋，但很快他们就觉得自己被那件事束缚住了，感觉是一种约束。他们会从别人那里得到那件事的确不“适合”他们的反馈。自我破坏者也会经常更换住所、工作和恋爱对象。有些人把这种表现称为“新奇事物综合征”，指的是人们总被下一件重要的事或看上去更好的事所吸引。他们缺乏责任感，很难做到有始有终，没有足够的动力或者采取行动把事情坚持下去。他们在基础工作没有做到位的情况下就急于开始行动。因为基础工作要么事情过多，要么会扼杀他们富有创造力的天性，一旦某事不再让他们感兴趣，他们往往就会停止努力。他们会把事情搞得一团糟而让自己不堪重负，从而不需要再采取行动了。

一些陷入自我破坏者模式的人总是会考虑如何逃避或摆脱对某件事的承诺。通常刚开始时他们会对这件事感到兴奋或者很有兴致，但后来则失去了兴趣。他们经常会对自己这样说：“至少我已经完成了一小部分，所以现在我可以休息一下。”我们都需要休整时间，但是陷入自我破坏者模式的人会做些事情改变或削弱已经取得的进步。他们会因为曾经节约过而去浪费，因为曾经锻炼过而去猛吃一些不健康的食物——他们在刚有前进的势头时就会有过多要求了。他们对于那些让他们负责任的人感到很恼火，你可能会听到他们对自己说些类似下面的话，“这个人（想让我负责任的人）做事方式实在是太死板了，他们没必要担心！我会自己安排时间搞定这件事的”。他们感到被承诺所控制，非常有可能用类似下面的一些语句来为自己在追求梦想的道路上没有持续努力找理由，“我要按照自己的习惯来生活”或者“我需要放松，照顾好自己”。

其他自我破坏者模式的行为还包括付出很小的努力却期望获得巨大的回报，尽可能地直到最后一刻才着手处理让自己感到头疼的事情，对希望自己能够说到做到的人感到恼火，或者没有花时间为长远发展做好准备等。想要摆脱这种模式的自我破坏者往往会发现他们需要努力来让自己不依靠本能反应行事。或者，他们很难区分自己是因为这件事的确不适合他们而放弃，还是因为这种模式再次控制了他们的行为而使他们放弃。

讨好者模式

如果你看到有些人不断地自我牺牲和取悦别人，那就是一种讨好者模式。他们会把生活的重点放在为他人服务上，结果他们就没有时间来实现自己的梦想和渴望了。他们认为自己之所以无法实现自己所渴望的事情，是因为他们主动为别人承担义务。一些表现出讨好者模式的人甚至可能通过下面的方式来为他人服务，他们可能会为那些完全有能力照顾自己的成年儿女或朋友提供金钱或其他资源，或者为本应该承担自己行为后果的人提供帮助。例如，一个成年人用信用卡无节制消费，结果无力支付房租，而他的父母却主动介入，为他提供住的地方——这就是一种讨好者模式。讨好者会为自己的这种行为找理由，他们会告诉自己："我还能做什么呢？我只能插手。没有其他人能像我一样去关爱他们、照顾他们、支持他们。"那些他们觉得要为别人承担的义务不断堆积，令他们不堪重负，导致他们没有时间关注自己的渴望。

陷入讨好者模式的人可能会暗自希望自己因为善行和无私而被关注，因为付出而得到赞许，或被其他人认可。讨好者认为让人们不用承担错误决定的后果是自己分内的事。当他们把更多的注意力放在别人的需求上时，他们就会跟自己说，"那时候我不能把时间花在自己身上——其他人需要我。"或者 "我不得不介入，不然他们就会受苦。"（换句话说，这种受苦就是有人要为他们的错误决定承担相应的后果。）还有些时候，讨好者告诉自己，他们无法应对来自他人的愤怒，所以他们不得不关注他人的想法。

其他一些讨好者行为还包括当自己其实想说不的时候却表示同意，以取悦别人，或过于担心他人的看法。当其他人没有注意到他们的行为，或者没有给予赞许时，讨好者会感到难过（通常只是轻微的不满），那时候他们会感到自己的行为被看成理所当然了。他们还会过于自我牺牲。例如，一位妈妈需要为自己和医生预约时间，但她会因为预约的时间和儿子每周要上的某门课程的时间冲突而放弃预约，而其实孩子的课程是可以很容易被取消或改时间的；或者，他们可能让其他人先做决定，然后他们会说：“既然每个人都想要有所改变，我就不想再对我们的计划进行改变了。”想要摆脱这种模式的讨好者往往会发现，他们对于帮助他人的善行和使他们精疲力竭的自我牺牲之间的区别感到困惑。

悲观者模式

讨好者认为自己的渴望之所以不可能实现，是因为他们主动帮助他人承担义务，而陷入悲观者模式的人则从根本上认为，事情之所以不会成功是因为自己不可能实现满意的结果。这就成为他们不采取行动或承担责任的理由。

在考虑新的可能性时，悲观者可能会经常说：“那的确很好，但永远都不可能发生。”当你问某个陷入悲观者思维模式的人想要有怎样的改变，你可能会得到一个含有讽刺意味的答案：“如果我不必去工作，可以一整天躺在泳池旁的躺椅上，那将会非常美妙。我确信只有我中彩票了那才会发生，是吧？”或者，这个人甚至不愿意回答这个问题：“说我想要什么改变有何意义？我又没有时间。”

陷入悲观者模式的人会坚持认为，改变某事是不可能的，完全没有任何改变的机会。如果有人建议他们进行改变或者向他们提出问题的合理解决方案，他们会感到恼火。即使他们的确有能力去实现，悲观者也会坚持认为自己没有这种能力。关于他们的梦想，他们认为没有成功的希望——这不是临床抑郁症——对于他们可能拥有的某个远大、勇敢的梦想，他们常常只是耸耸肩（“当然，那会非常棒，但谁来付钱呢？”）。有些时候，悲观者模式会表现为拒绝道歉或承认自己做错了，因为他们忙于注意别人如何冤枉自己。

有的陷入悲观者模式的人会带着怀疑看待这个世界，他们经常会感到各种强烈不满，认为某件事是不公平的，或者某个有权利的人想要压榨别人。（例如，这个人可能会认为他的岳母想要压榨自己的家人，公用事业公司在账单上想要压榨消费者，老师想要压榨他的孩子。）尽管体制压迫的问题的确存在，然而当人们陷入悲观者模式时，他们并没有从如何让更多的人知道这种社会不公或者改变一些事情的角度来考虑这些问题。他们只关注生活为什么单单把他们挑出来受苦，即使已经存在或可以有选择，他们也坚持认为自己对此不能做任何事情。悲观者可能会发现自己会说一些类似下面的话，例如“如果我不关注自己，其他人更不会留意了”，或者“就算竭尽全力，我也无法获得成功”，或者“何必费劲呢？不会有任何改变”。有时候，这种模式会让他们冲周围的人发泄不满：“你从来都不做这件事（你本来应该正在做这件事），我总是不得不做这件事（我根本就不想做这件事）。”

其他悲观者行为还包括，就算是感到有些气愤或恼怒，也不会真正采取任何行动来解决问题；发送消极对抗的邮件或发表消极对抗的评论；在各个方面指出别人做错了，而认为自己没有任何过错；或者在各个方面指出事情本来应该有所改变，而自己却没有采取任何行动来进行改变。（例如，他们可能不喜欢自己的工作，却不采取任何行动来换份工作，并且总会给自己找理由，“我永远不会找到另外一份工作。我没有钱，也没时间”。然而，当有工作机会时，他们又会找另外的理由，“现在还不是合适的时候”或者“需要乘车上下班往返”。）

想要摆脱悲观者模式的人常常会发现他们很难发现自己可能或者能够创造什么改变，虽然确实存在缺少金钱或时间等客观制约因素。

你最主要表现出来的是哪一种模式？首先花些时间弄清楚哪一种模式是你的本能模式。再一次指出，如果你发现其他模式的某些方面也与自己相符，那很棒。我们并不总是只与一种模式的特点相符。有时候情况不同，我们所体验到的恐惧也不相同。在某种情况下，你感觉自己“不够好”，你的反应模式可能是完美主义者模式，这种模式会让你非常努力地证明自己。当这种鞭策让你精疲力竭时，你可能会变为自我破坏者模式，这种模式会让你进入完全相反的方向——放轻松些，现在不必担心这件事。对于你的家人，你可能更容易表现出讨好者模式，而对于你的工作，你可能更容易陷入悲观者模式。

前　瞻

一旦人们知道他们对恐惧的反应模式是什么，就会变得兴奋起来。我明白“兴奋”这个词可能不是第一个出现在你脑海里的词，但请耐心听我讲完。因为现在你已经做好了开启这段历程的一些必要准备，所以你会感到兴奋。了解哪种恐惧反应模式是自己的本能反应，会让你在生活中不再基于恐惧而本能地做出反应，并从暗示—惯常行为—奖赏这个“恐惧反应模式”中挣脱出来。生活总会有各种暗示，但是如果你能改变暗示—惯常行为—奖赏这个模式中的“惯常行为”部分，那么你就能改变整个模式。想象一下，如果你开始沿着最勇敢自我的方向前进，能够注意到以前的惯常行为，如讨好者模式或完美主义者模式等，并采取不同的行为模式，那么你的生活会有什么改变？这就是促进事情改善的巨大力量之所在。

在接下来的章节中，你将学习如何完成重塑勇气过程中的每一个部分，如何将自己在第一章所确定的最勇敢自我表现出来。你要审视自己的恐惧反应模式，并应用重塑勇气的每一个步骤，从而你的恐惧反应模式就不会用以前习惯的方式来影响你的行为。做好准备吧——事情将有所改变，无限精彩尽在前方！

The Courage Habit

第三章 觉察身体

Courage

在电影或电视上，我们经常会看到当人们做一个重大决定时，这个决定也许是跟他们所爱的人在一起，也许是再也不愿忍受他人的虐待，他们就会……立刻行动。他们更清楚自己的渴望，因此能很快做得更好。他们会追寻自己的内心或者郑重地表明自己的决心，无论曾经有什么样的怀疑阻碍他们前进，他们都会理性地勇往直前。

改变本来就该如此简单，不是吗？当然不是！**恐惧不是一种理性情绪，而是人的本能，并且改变也需要一个过程。**我们以前的模式会在我们没有意识到的情况下就施加影响，即使是在我们“更清楚自己的渴望”时。例如，我在前言中曾经分享过，我非常清楚自己想辞去现在的工作，但在犹豫不决的这段时间里，我发现自己仍然想要获得熟人的肯定，比如同事对我的认可。为了让自己感觉更好些，我会承担额外的工作，这样就会对我花时间开辟一条新的道路造成影响。我们不会立刻就把以前的行为模式抛掉，因为基底核以及暗示—惯常行为—奖赏回路的影响，我们需要一些时间来摆脱以前的模式。我们知道自己想要转变为按照最勇敢自我的方式生活，但身体上的恐惧感却使我们无法采取行动，于是重新选择那些虽然行不通但我们了解和熟悉的做法。那就是为什么了解自己身体上的恐惧感会非常有帮助。当你接受恐惧的确存在，并且是以身体上的某种感觉表现出来这个事实时，你就能够觉察当前身体的状态，当恐惧情绪出现时也就能够觉察到。为了改变恐惧反应模式，你需要能够觉察到当前的恐惧情绪，并且有办法应对这种情绪。这就是为什么重塑勇气的第一步就是我所说的 “觉察身体”。

我第一次尝试觉察身体是在那个圣诞假期，当我倾听来自身体的暗示时，我吃惊地发现在我身体里一直存在的那种略感不安的感觉竟然是恐惧。当我来到位于旧金山郊外马丁县的偏远山谷里的“绿峡谷禅修中心（Green Gulch Zen Center）”后，我才知道经常练习觉察身体所带来的好处。我那时候之所以选择去绿峡谷只是出于几个现实因素的考虑：我需要找个地方过周末，那里要很安静，没有 WiFi，这样就不会使我再去查看与工作相关的邮件。我那时候对冥想并不感兴趣， 因为那样做让我觉得有点疯狂，就好像我大脑中所有批评的声音一起决定同时开始说话。不过，既然我已经来到了绿峡谷禅修中心，那么我决定试着以开放的心态再尝试一次冥想。

令我吃惊的是，当我第一天坐下来进行冥想时，我不仅仅是感到放松。我坐的时间越久，我越能清楚地思考。我的肩膀自然下垂，更深长地呼吸。我重复着这个简单的动作，坐下来，深呼吸。我做得越多，就会越明显地发现，对于我曾经认为很大的问题，如果我每次只处理一小部分，那么我就完全可以搞定它。换句话说，慢下来，深呼吸，让我摆脱了恐惧、担心和怀疑情绪的困扰，让我觉得自己不管遇到什么问题都可以应对。

我知道……关于冥想、正念和静心练习，每个人都会这么说——刚开始，你可能只是想要释放一点压力；接下来，你就会写一本关于勇气的励志书，并谈论想要关注当下之类的事情。不过，我的确是入迷了。第一次体验对我有很大的启发，之后在我住在绿峡谷的那段期间，每一天我都会参加冥想练习课。对于我的第一次冥想体验，最恰当的描述就是：我渴望已久的平静悄然来到并停驻在我的心田，让我知道任何时候只要我需要它，它就在那里。我冥想得越多，就感到内心越平静、头脑越清楚，与我的最勇敢自我越相符。

我知道这种描述听起来像是在生搬硬套别人的话和夸大自己的感受。冥想，虽然我们之前都听说过，但是这种基于身体的练习对于帮助你避免陷入恐惧感的重要性，无论怎么强调都不为过。在那个周末之后，我掌握了让我的生活不再受本能反应支配，让我的行为不再受基底核神经冲动控制的第一种方法。改变一种基于情绪的习惯行为模式最困难的部分并不是意识到这种习惯行为模式的出现，如果我们经常练习基于身体的方法，我们就能觉察到当下那些本能反应的过程，从而可以对这些过程进行审视。当我开始在工作上，在艰难的谈话中，或是每当我想要放弃改变生活的行动时，经常花些时间慢下来，深呼吸，我就能在被完美主义者模式支配之前意识到恐惧情绪的存在——这是能够让你避免同样的行为模式反复出现的关键步骤。

像冥想这类练习通常需要一种被称为“正念”的专注。正念就是慢下来，关注当下——你身体的所有感觉，大脑中的所有想法——仅仅是注意到，不必加以评判。基于正念的练习会帮助你觉察身体的变化，从而能够应对当下的困难时刻。

觉察身体并不是空泛的口号，它是一种完全可行的有理论依据的方法。有很多研究都在探究“慢下来，深呼吸”这类练习所带来的好处。其中许多研究已经证实，你不必为了觉察身体去做一次正式的冥想练习，也不必寻求精神指导，去禅宗学习或者通过某种仪式来练习。你只需要用简单的方式来觉察身体，从而使你能够在恐惧情绪过于强烈之前，在你很难掌控自己的恐惧反应模式之前，暂停一下进行调整。在这一章里，你将学到一些可以让你慢下来的简单方法，以及学习如何通过觉察身体来应对恐惧情绪和重塑勇气。

你不能用理性方式来应对恐惧

当你面对自己的恐惧情绪时，很有可能你已经尝试了一些方法来说服自己不要感到恐惧，比如提醒自己“最坏的情况很少发生”。也许你已经尝试了一些极端的方法，比如完全忽视那些表达恐惧的声音，或者在内心冲恐惧大喊，让它们不要再说话，不要再烦扰你。说实话，这些方法我都试过，因此，如果你也如此，你并不是唯一有这种困扰的人。

事实是，从短期来看，这些方法有一定的作用。因此当压力暂时减轻，我们感受到了在暗示—惯常行为—奖赏这一回路中的“奖赏”时，就会觉得这些方法是有用的。但从长期来看，试图用理性方式来应对恐惧是行不通的。那是因为恐惧情绪不是理性情绪，它是一种原始情绪。

为什么用理性方式应对恐惧没有用呢？采用理性方式就是试图控制身体的暗示以及恐惧情绪本身，而不是改变惯常行为。当我们采用理性方式想要阻止恐惧情绪对我们的影响时，我们希望通过忽视恐惧让自我怀疑离开，或者通过劝自己摆脱恐惧来阻止恐惧情绪表现出来。我们以为如果能找到某种方式把恐惧情绪扼杀在萌芽阶段，那我们就不需要再应对这一情绪了。这种方式总体来讲就是要阻止恐惧情绪暗示的出现。

不幸的是，没有人可以让自己的生活从不出现那些恐惧情绪。这就是生活！生活中会有一团糟的时候，每个人都会遇到困难。即使是世界上最健康、具有良好适应力、拥有强大自信心的人也会有感到恐惧和自我怀疑的时刻。我们是人，就会有人的感受，我们是通过身体来感受恐惧的，而不仅仅靠大脑来感知。

关键是，我们在生活中不能通过提前预防以使自己避免体验到不适、困难、恐惧或自我怀疑，我们也不应该这样做。如果把这些不好的情绪都去掉，这样的生活虽然具有可预见性，但也缺少了很多乐趣。这并不是你的最勇敢自我想要的生活。既然我们都会感到恐惧，就让我们寻找方法来应对恐惧情绪。有意识地选择觉察身体是一种非常有效的方法，它使你能够关注当下，当你将要本能地进入某种恐惧反应模式时，它会使你有所觉察。在这一章你将会学到基于正念的练习，这种练习将会减少恐惧情绪给你带来的影响，使你能够更清楚地思考下一个非常勇敢的行动。

詹妮尔

詹妮尔是一位三个孩子的妈妈。在我们第一次交谈中，当我问她为什么需要教练进行引导时，她开玩笑地说：“这是我能在白天与成人交谈的唯一方式。”她两个大一些的孩子在学校上学，当她丈夫上班后，她白天的其余时间只能与两岁的儿子待在家中。保姆每隔一周来一次，下午临时照看詹妮尔的儿子。当她告诉我她是一边快走一边和我进行电话交谈时，我立刻就意识到詹妮尔非常善于同时做几件事。

当我问她主要想关注哪方面的问题时，我们之间那种轻松的聊天气氛就发生了变化，我听到她的声音有些变化，她突然哭起来了。“我总是对孩子发怒，”她说道，当她试图止住哭泣时她的呼吸变得沉重起来，“每天醒来我都会告诉自己不要再那样做。但是，在我丈夫离开家上班后的一小时内，我会再次冲孩子发火。他们赶着出门上学所造成的混乱，他们之间的各种争执，或者把我刚整理好的抽屉又再次弄乱，这些都让我非常恼火。我感觉自己对我最小的孩子总是在发脾气，发完脾气后我又会生自己的气。”

“你现在在哪里？”我问她，“你能在长椅上坐一会儿吗？”我感觉自己也能体会到詹妮尔所承受的那份压力，她要竭力满足三个孩子的不同需求，还会对自己不能按照脑海中设定的方式去做而感到自责。然而，令我吃惊的是，这时詹妮尔的声音又有些变化，但这一次她很快就镇定下来了。

“我不能这样做，”她说，“我实在是没有时间，我想立刻找到解决方法。我不想在这一小时里，花钱请人临时照看孩子，而自己需要做的事情却没有做完。我只是需要一些方法来应对我那种不堪重负的情绪。”

詹妮尔希望能尽快找到解决方法，以及针对她的问题所制订的行动计划。这一点可以理解，毕竟照顾三个孩子并不像在公园散步那样轻松。然而，我不得不告诉她不好的消息，“我的方法可能比你预想的会更费一些时间。”我说道，“不过，我想如果我们能花些时间彻底搞清楚当前的状况，就可以找到一些有助于解决问题，并且可以立刻行动的方案。那样可以吗？”

詹妮尔同意试一试，我知道那就是改变的开始。当我们对她在日常生活中的感受进行讨论时，我觉得她之所以感到不堪重负和易怒，一部分原因在于她的情绪需要寻找一个发泄的出口。矛盾的是，如果她一直试图压制和隐藏自己的情绪，那么需要释放的压力就会一直堆积，那些情绪就会一直在小问题上“发泄”出来，比如对孩子发火。

“如果你没有这么多的压力，你想要成为什么样的人，想过什么样的生活？”我问她。我希望能够通过谈话引导詹妮尔清楚地描述出她的最勇敢自我会是什么样的。

“我想成为那种很放松、很冷静的妈妈。”詹妮尔说，然后她笑了起来，“听起来是不是挺可笑的。”

“当然不是。好像每个和我交谈过的女人都会有这样的愿望，我也如此。”我说着，跟她一起笑了起来，“让我们再更深入地探究一下。如果你是这种‘很放松、很冷静的妈妈’，你会是什么样的人呢？”

“我会……我猜我会是自己在怀孕前一直想要成为的那种人。我过去在一家提供艺术赞助的机构工作。因为我的工作就是在艺术赞助获得批准之前对相关艺术项目进行审查，我会得到各种展览的免费门票，还可以接触到各种形式的艺术亚文化，我们可以一整天都谈论艺术。”詹妮尔说，她的声音又变得轻松起来，“我想我会跟其他那些对每件小事都极度不安的妈妈们有所不同。我会把孩子放在婴儿背带里，手里拿着一杯酒在展览馆里漫步，人们会说笑，而我则能兼顾作为母亲的职责和工作上的事情。但是，当我有了第一个孩子后，我实在太累了以致无法回去工作。很快，我又怀上了第二个孩子。在我第二个孩子出生后，我老公有段时间被解雇了没有工作，我们无法负担日托的费用，因此我只能辞去工作。之后，我们决定要第三个孩子，我老公也再次工作，但我从来没有想过回去工作。”

“真的吗？”我奇怪地问道，“你从来都没有想过回去工作？”詹妮尔走得有些气喘吁吁，我不安地等了很长时间。当她最终说话时，我能听出她再次抑制住自己的情绪。

“我其实一直都在想这个问题。我的意思是我只是从未想过有可能回去工作。”

“好的，那么——你想回去工作吗？”我问道。

“不，当然不想。”詹妮尔立刻回答，“家里的事还有谁能来做吗？如果我去工作，我不知道如何才能把所有事情都搞定。必须得有人来做家务，把洗好的袜子配对，记得买孩子们从来都不爱吃的蔬菜，不是任何人都能注意到这些细节。而且，我也不知道该如何再次应对工作中的压力。”

当我们努力去弄清楚詹妮尔的最勇敢自我想要的究竟是什么时，她总是把话题转回到自己想成为一名出色的母亲这个想法上来。当然，对于詹妮尔而言，成为一名出色的母亲非常重要，这个想法是合乎情理的，但是一定有某个原因导致她反复回到“成为一名出色的母亲”这个想法上。除了母亲这个角色，还有什么对詹妮尔也很重要呢？即使当詹妮尔谈到如果能够再次轻松地去看艺术展该是多么美妙的事时，她也很快补充说自己不能占用陪孩子的时间。

当对自己与詹妮尔的谈话过程思考后，我发现暗示—惯常行为—奖赏回路其实已经开始在她身上显现出来。想要成为一名全心全意付出的 24-7 全职妈妈所带给她的压力和不堪重负就是暗示。她试图用理性方式来强行压制暗示，寻找方法来应对不堪重负的感觉，但这并不是长期的解决方案。当这些不堪重负的情绪（恐惧、自我怀疑或压力）积压得过多时，惯常行为就会对她造成影响，她就会冲孩子发脾气。冲孩子发脾气虽然可以带来短暂的情绪释放，但随之而来的却是内疚感。我让詹妮尔多讲一讲这种内疚的感觉。

“内疚感来得很快，”詹妮尔说，“但是就在我刚发完脾气的那一刻，我的孩子确实会因为害怕而听我的话，尽管时间非常短。他们不再抱怨或争执，他们变得非常安静，因为‘妈妈生气了，我们最好表现好点’。”

“因此，如果我们要改变这种状况，我们就需要切断暗示—惯常行为—奖赏回路。”我说道，“我想我可以为你提供一个‘行动计划’，如果你感兴趣。”

“哇，行动计划！你成功把我说服了，给我多讲些吧。”詹妮尔说道，她的声音重新又变得轻快起来。

“我们首先要运用一种方法——也许你更愿意称之为‘行动计划’——这种方法被称为觉察身体。有很多方式可以来觉察身体，你可以跳舞、做伸展运动、跑步、冥想，或做任何你想做的事情。但是我通常建议只花几分钟来呼吸，并留意自己的发现。”

詹妮尔有片刻的沉默，我不确定她是在认真思考，还是认为我只不过是一个新时代的人生教练。“值得一提的是，”我补充道，进一步推销我的观点，“有很多合乎规范的研究已经证明了这种方法的确是有帮助的。”

“好吧，那我试一试。” 詹妮尔说，“不过，仅仅是因为你没有建议我买某种神奇魔法棒。”

“其实，我通常是在和别人交谈几个月后才会说魔法棒的事。”我也开起了玩笑。

玩笑归玩笑，我希望觉察身体可以成为詹妮尔改变的第一步，能帮助她对自己和孩子更加温和，能使她更清楚地了解自己究竟想要什么样的生活，而不仅仅是做一位母亲。如果她一直感到不堪重负，那么她就很难采取任何行动，只能不断地重复同样的反应模式。

身体扫描

觉察身体是发现恐惧源自哪里的关键。还记得埃利安娜吗？她在全职工作的同时还要完成 MBA 的学习，并且还要应对作为团队唯一一位女性的压力，但是因为过于注重细节而导致最终完成的事情较少。通过发现紧迫感这种恐惧情绪，可以让她在将要偏离目标时就会有所觉察。在第二章里，你需要思考自己的恐惧情绪，它们是如何通过身体表现出来的。现在再次说出那些情绪的名字。当你感到恐惧、自我怀疑、犹豫或担心时，这种情绪是否表现为喉咙发紧、无法集中注意力、烦躁、手心出汗？

试着去想一些你所能识别出的恐惧情绪，然后花一点时间做简单的呼吸练习。你能觉察到什么？这种简单的呼吸时刻正是你开始改变所需要的。

詹妮尔先是花点时间做简单的呼吸练习，来觉察自己的身体。随后我们讨论如何通过更深入的练习——身体扫描——来觉察身体。在与客户的交谈中，我发现对于觉察身体而言，身体扫描是最简单也是最直接的方式，因为它可以在任何时间、任何地点进行，所需要的时间也少于 5 分钟。

这个练习是这样进行的：**先从你的脚开始。**问问你的脚，“嗨，今天感觉怎么样？不要有压力。我只是好奇。”这种方式有意识地使人感到轻松，因为这个练习越简单，就越容易被应用。当然，如果你想要问不同的问题也完全可以。我的一些客户会在这个练习中自己设计一些问题，例如“你有什么想让我知道的”，或者“你真实的感觉是什么”。**接下来是你的膝盖**，问问你的膝盖，“嗨，今天感觉怎么样？不要有压力。我只是好奇。”**接下来是你的大腿**，

（考虑到女性在自己的体重方面受到很多负面影响，你可能会感觉自己的这个部位很难放松，你很难与它建立联结，但是还是要看看自己能觉察到什么。）“嗨，今天感觉怎么样？不要有压力。我只是好奇。”**接下来是你的骨盆**，“嗨，今天感觉怎么样？”**再接下来是你的胃部**，“嗨，今天感觉怎么样？不要有压力。我只是好奇。”**然后接下来是你的胸部、肩膀、颈部和前额**，问每个部位同样的问题：“嗨，今天感觉怎么样？”

花点时间试试这个练习过程。设置好手机上的计时器，或只做 3~5 分钟，呼吸，并觉察身体的变化。要对自己的发现抱有好奇心。你不需要试图做出改变，只要觉察即可。当你在进行身体扫描时，你可能会有很多感觉，这些感觉又会转化为多种情绪：好奇、平静、焦虑，甚至是快乐。为了帮助客户更好地了解暗示—惯常行为—奖赏这一回路对恐惧反应模式的影响，我还会尽力帮助他们发现可能跟恐惧情绪有关的感觉。下面就是最常见的与恐惧情绪有关的感觉：

- 胃肠有些恶心，同时感觉“有些不对劲”。
- 觉得全身都有紧绷感。（当你出现这种感觉时深呼吸，这表明某方面出问题了。）
- 不能专注或集中精神。
- 感觉自己就像“车灯前的小鹿”般惊慌失措，无法厘清思路或做出反应。

- 能意识到产生的某种感觉，但不知道如何用语言描述。

当你感到恐惧时，你可能想要关闭对这些情绪的感知，想要摆脱这些情绪，或者通过想别的事情来分散注意力。在这一章后面，我会帮助你了解如何为这些情绪创建“情绪容器”。现在我只想强调，你越能够在一个简短练习中愿意和身体的恐惧感共处，你就越能够训练自己在进行勇敢、大胆的冒险时和恐惧共处，你会把这种冒险视为追求最勇敢自我过程中的一部分。如果你需要一些帮助来完成身体扫描这个练习，可以访问网站 http://www.yourcourageouslife.com/courage-habit 下载冥想引导的音频文件。

我这里所建议的身体扫描仅仅是觉察身体的方法之一，它并不是唯一的方法，也不一定是你最终选择的方法——我需要再一次强调——关键是找到某种觉察身体的方法，从而当基于恐惧的感觉出现时，你可以觉察到，这样就不会再陷入以前的恐惧反应模式中，你就可以继续沿着内心最深处渴望的方向前进。

如果在尝试了一段时间后，你发现身体扫描这种方法并不适合你，或者你想试试其他和身体以及感觉建立联结的方法，还可以有其他的选择。

- **倾听身体。**试着问身体的不同部位“你需要什么？”或者“你想让我知道什么？”之类的问题，看看是否会出现不同的答案。
- **跳舞。**如果你没有收藏自己喜欢的音乐列表，可以去声破天（Spotify）、优兔（YouTube）、潘多拉（Pandora）等音乐播放平台寻找适合的音乐。把音乐设置为随机播放，在家中独自跳舞。可以在不同的日子里，选择不同类型的歌曲。某一天詹姆斯·布朗（James Brown）的歌让你觉得富有活力和非常狂野，某一天达斯汀·奥哈洛兰(Dustin O'Halloran)的第二弦乐四重奏可能让你流下眼泪，某一天肖邦（Chopin）的钢琴奏鸣曲可能会让你陷入沉思——让你的身体随着所播放的音乐节拍扭动吧。
- **跑步。**一些人不喜欢跑步，是因为这项运动太艰难了。而我正是因为它的艰难而喜欢这项运动，这样我的大脑就不会胡思乱想，我就可以专注于觉察当下的身体和呼吸。也许你也会有这种感觉。
- **瑜伽。**如果你以前觉得瑜伽并不适合自己，请继续寻找适合自己的瑜伽方式。有很多种不同风格的瑜伽，甚至对于同一种瑜伽，不同的教练会给这种瑜伽融入自己的风格。以前我只是偶尔去上一次瑜伽课，但接触到流瑜伽后情况就不同了。而我最好的朋友瓦莱丽喜欢缓慢的、具有条理性的艾扬格瑜伽，我的另外一位朋友则喜欢充满蒸汽的高温瑜伽。

- **伸展运动。**谁说伸展运动一定要做瑜伽？你可以穿着舒适的衣服，坐在你家的地板上，伸展你的双腿，转动膝盖，把胳膊举过头顶，并关注呼吸。
- **性行为。**如果不是冲动下的行为，如果在做的时候你能够觉察身体，那也算是一种方法。享受它吧！
- **远足或散步。**选择一条路线或者在人行道上散步。行走一段时间，并在这个过程中不断地使注意力回到呼吸上，觉察身体的变化。
- **想象。**闭上眼睛，想象自己容光焕发、快乐无比。想象生活的种种细节：做自己喜欢的工作，精神十足，与最好的朋友关系亲密，与自己的伴侣相亲相爱，等等。

不管采用哪种方法来觉察身体，这种方法要简单易行，只需要短短的 5 分钟即可完成。关注你的感受和身体所发生的变化，并简单地记录下来。正如詹妮尔很快就会发现，尽管开始比较艰难，但随着时间的推移，觉察身体会让她更了解真正的自我。

通过觉察身体了解真正的自我

经过几个星期的交谈后，詹妮尔在这个教练引导过程的几个关键部分已经打下了坚实的基础。她已经确定了自己的主要关注点是“去看艺术展”和“想要成为一位放松自在的妈妈”。我仍然认为还应该有更多的关注点，但我知道即使只是确定这几个关注点，加上还要再抽出时间来进行交谈，对詹妮尔而言已经是很重的任务了。另外，我们还确定了詹妮尔主要的恐惧反应模式是讨好者模式。“没错！的确如此。”那天我们讨论完那种反应模式后，詹妮尔说，“当我试图离开家和你边走边谈时，我的儿子吓坏了，猜猜是谁把他放到婴儿车里，而保姆却无所事事？”

只有一个方面不太顺利：那就是觉察身体。詹妮尔说，身体扫描对她而言完全行不通。不仅没有让她减轻压力，反而使她感到压力更大了。她不喜欢体验令她不安的恐惧情绪，尽管在道理上明白如果她不愿意去应对这些恐惧情绪，事情就不会很快有所改变。“我不仅没有放松，反而感觉更心烦了。”又过了一个星期，她告诉我在这段时间里她对任何一种基于身体的练习都有抵触感。“甚至在我的胃里也有这种不舒服的感觉，我每天几乎没有多少空闲时间，却要抽出时间来做呼吸练习，但家里还有那么多事情要处理，这让我感到很心烦。”

我很高兴詹妮尔可以坦诚地表达出她的抵触。我也不愿意总是做让自己压力增多而非减少的事情！然而，我也知道每个人都想避开应对恐惧所必经的这一部分——他们需要感受恐惧，而不是回避。当我帮助人们审视他们的恐惧时，这往往也是非常困难的时刻，因为强迫和推动只是一线之隔，我们需要把握好尺度。而且，我们也不希望仅仅因为这个过程让自己感到不安，就逃避这个过程。我问詹妮尔是否愿意尝试通过电话这种更能提供帮助和引导的方式来指导她觉察身体，她表示同意。

“让你胃里的那种感觉说出自己的想法。它会说什么？”我问道。詹妮尔下面所说的话使我们在未来几个月的交谈中能够深入了解真实状况。我们发现自从詹妮尔成为母亲以来，她总是处于压力中并感觉无法摆脱，这个发现促使她重新回到她多年来一直热爱和想念的工作中。

詹妮尔深吸了一口气，“它会说，‘你不是一位好妈妈’。”“你不是一位好妈妈”，那就是詹妮尔一直不愿意面对的恐惧。正是这种恐惧支配着她，使她陷入讨好者模式从而越发地自我牺牲，并让她疲惫不堪。如果她逃避觉察身体，就不用感受那种担心自己可能不是一位好妈妈的恐惧与不安。

“让我们再进一步分析，”我建议道，“在你看来，好妈妈通常会做哪些事呢？”詹妮尔很快就说出了那些她一直试图兼顾的事情：带孩子去上课和进行运动，协调他们的争执，保持房子干净，与每个孩子都有单独相处的时间，制订饮食计划，采购，等等。她感觉自己被需要成为一名好妈妈的想法所驱使，但同时又对那些要求感到不满，并且很难去承认自己感到不满。

她告诉我：“有时候我甚至会心里想，‘孩子的社交时间和自由玩耍时间是否分配得合理’，因此当我没有因为陪伴他们的时间不够多而对自己生气时，我却会担心他们没有得到足够多的自由玩耍时间。”詹妮尔开始认识到，这种担心自己不是一位好妈妈的恐惧是如何使她急于给孩子过多的补偿。她为了不让孩子感到任何失望，会为他们处理一切事情。尽管她在道理上明白，从长远发展来看，这样做对他们没有任何好处，但是这种担心自己不是一位好妈妈的恐惧常常迫使她插手孩子的事情——提出建议，甚至会仅仅因为想看看他们是否需要她，而打断他们的游戏。有时候她根本没有意识到自己已经插手了，直到她发现原本让两个大孩子收拾的房间却被自己整理好了。她为什么会这样做呢？一方面是受社会环境的影响，社会对所谓的“好妈妈”高度的认可；另一方面是源于詹妮尔被养育的方式，以及她的母亲在詹妮尔成长过程中的行为模式；还有部分原因在于她自身的讨好者性格趋向，这种趋向在她成为母亲之前就已经表现出来了。

“那就是为什么某种与身体有关的练习会对你有所帮助，”我说，“当你受恐惧影响将要进入讨好者模式，但还没付诸行动时，感知身体当前的状态将会帮助你注意到那个时刻。”

詹妮尔决定认真练习觉察身体。一开始，她只是尽可能慢下来，关注当下，觉察自己的恐惧情绪，以及这种情绪所带来的插手孩子事情的冲动。后来，当她开始能够克制自己不要总是事无巨细时，她会通过练习觉察身体来帮助自己度过这个调整阶段。在这个过程中孩子们也需要调整自己来适应妈妈的改变，这个“新”妈妈不会轻易地帮他们收拾乱摊子或给他们想要的东西。

让自己暂时停下来并深呼吸，这种方法使詹妮尔作为一位母亲不再按本能的反应行事，当她的压力减少时，她会问自己，除了做一位母亲，她真正想要的是什么。那正是她准备迈出第一步重新回到艺术世界、参加艺术相关活动的时候。那些事情会让她感到更平静、更有耐心。另外，她也发现了婚姻上的裂痕，这是她以前不愿意面对的。之前她全部精力都放在妈妈这个角色上，无暇顾及婚姻上的问题。于是詹妮尔与丈夫进行了多次艰难、坦诚的交谈。在这个过程中，她利用“觉察身体”使谈话顺利进行，他们探讨了家庭责任上的分工，他们该如何做父亲和母亲，他们该如何重塑夫妻关系。有段时间事情进行得并不顺利，但是当詹妮尔重新与真正的自我建立联结，并在日常生活方式上表现出来时，全家都有了更好的改变。

在我们刚开始交谈的时候，詹妮尔的暗示—惯常行为—奖赏回路如下所示：

暗示：要求以符合社会期望的自我奉献方式来做母亲，随之而来的是不堪重负的感觉。害怕自己不是一位好妈妈，尤其是每当詹妮尔想要做自己喜欢的事情时，都会产生这种恐惧。

惯常行为（讨好者模式）：詹妮尔会本能地进入这一模式，这种模式使她不能追求自己真正想要的东西——重新让自己拥有创新精神和热情，重新进入职场。

奖赏：短期内焦虑会减少，但长久下来仍会感到不堪重负，并且觉得现在的生活方式并不是让她真正感到兴奋的方式。

经过几个月的交流和练习，她的暗示—惯常行为—奖赏更像是下面这种回路：

暗示：养育孩子的要求和不知所措的感觉，以及害怕自己不能成为一位好妈妈。

惯常行为：詹妮尔通过重塑勇气的各个步骤，形成了新的反应模式。她首先通过觉察身体，使自己能够慢下来，真正了解自己的感受。接着，她逐步进行重塑勇气的其他步骤，倾听自己的恐惧，但不会受其影响。之后她重新描述束缚自己的基于恐惧的内心假设：如果我工作，就不会成为一位好妈妈；如果我选择成为一位职场妈妈，那是自私的，我的丈夫和孩子都非常需要我。她还开始与其他妈妈建立更多联系，并在自己需要的时候寻求帮助。

奖赏：感到没有那么大的压力了，并更能注意到驱使自己进入讨好者模式的恐惧情绪。从而使她能够不再进入那种恐惧反应模式，并使自己的选择与自己真正想要的生活更加一致。

创建情绪体验容器

要注意的是，当詹妮尔刚开始进行觉察身体的练习时，她起初并不喜欢这个过程，因为这会使她产生自己非常想要忽略的情绪，而且这样做还不会直接给她提供解决方案。这是很常见的感受。谁会愿意去做那些一开始就使人感到不安的事情呢？还有一些人之所以不喜欢这个练习，是因为他们担心如果自己进行身体扫描会产生强烈的情绪。如果你在觉察身体后，感到悲伤、愤怒或认为生活糟透了，你将会如何应对那些强烈的情绪？长期处于负面情绪中只会使你精疲力竭。因此，还有什么应对方法呢？

通常我会在这里引入“创建情绪体验容器”的理念。想象一下有一个容器，容器里一团糟，但因为有容器壁，这些糟糕的事情并不会溢出来给其他地方带来麻烦。这种理念就是要给自己提供一个能够体验真实情绪的地方，以及设置能使自己不受那些情绪控制的边界。如果你担心在觉察身体时会出现强烈情绪，下面是几个为情绪体验“创建容器”的例子：

- **在另一个房间设置一个计时器，这样当它响起的时候，你就需要中断当前的情绪体验，去把计时器关掉。**这样就创造了一个空间，可以完全容纳所有的负面情绪，而且还会有安全感，因为你知道会有某种中断来提醒你不要在那个空间里待太长时间。
- **告诉一个朋友你现在所做的事情，并给这个人发消息，让他在约定的时间给你打电话。**朋友打来的电话就是一种中断，还可以让你对自己的感受进行审视。
- **找一个能够很好地担当“发泄伙伴”角色的朋友。**所谓发泄伙伴就是——指定一个能够为你提供空间来发泄情绪的人。如果你需要大喊、哭泣或发脾气，他们将会倾听你的感受。你们会达成一致，无论在发泄空间里发生了什么事，都不代表真正的你，而仅仅是释放情绪的一种形式。

- **确保在觉察身体后能立刻离开房子，出去走走。**如果担心产生的情绪过于强烈，觉察身体后立刻找些事来做会有所帮助。
- **和一位理疗师、健康顾问或者侧重于身体训练的教练一起进行觉察身体的练习。**

另一件要记住的事就是：虽然我们通常会害怕强烈情绪，并因此而抗拒基于身体的练习，但是在这个过程中并不是仅仅会产生那些强烈情绪！如果在这个过程中你还感受到了积极的情绪，如果觉察身体是一种能够让你振奋的体验呢？如果你发现自己非常快乐，或许欣喜若狂，或许充满感激呢？如果你尝试了一次身体扫描后，发现自己最主要的感受是好奇或愉悦呢？

我永远不会忘记和丽莎的交谈，她总是逃避基于身体的练习，因为那会使她产生非常悲痛的情绪，这种情绪源自她的母亲在她十几岁时就去世了。我能理解丽莎为什么犹豫不决。谁愿意去体验悲伤情绪，而且还会有陷入这种情绪的风险？然而，我也知道，丽莎和我们其他人一样，如果在身体刚开始出现恐惧暗示时不能觉察到，那么她的暗示—惯常行为—奖赏回路就会对她产生影响。

“如果你不必以哭的方式来觉察身体，将会怎样呢？”我说道。我想要帮助丽莎找到某些方式，使她能够在令她不安的练习中掌控自己的情绪。“你要知道，你可以用任何一种自己想要的方式来进行练习，完全由你决定。你可以每天随着一首歌曲快乐地跳舞；你可以躺在地上，抬高双腿，并做一些深呼吸；你可以来一次快走。关键是你在做练习的时候要关注自己的身体，或许还可以在练习后把自己产生的想法简略记下来——就是这样。这些方式中有没有哪一种会让你产生共鸣？”

丽莎被每天随着一首歌曲跳舞的方式所吸引，并让自己在那首歌曲播放的过程中去感受身体的变化。她发现当自己在进行这种练习时，有时候也会哭泣。但是，因为她只在播放这一首歌曲的时间里觉察身体，歌曲的结尾就成为她的情绪体验“容器”的边界，不然她的情绪空间就会非常混乱。久而久之，丽莎喜欢上了这个被分隔开的空间，在这里她可以应对昔日的悲痛，而不会感到精疲力竭。

我们大多数人在觉察身体时，跟丽莎的情况比较相似。在觉察身体时，我们并不总是会有关于生活的重大顿悟时刻，但我们会发现如果我们经常做这个练习，就会产生一些虽小却有意义的感悟。觉察身体的练习使我们更加关注当下，避免陷入以前那种会使我们偏离改变进程的恐惧反应模式和恐惧情绪中。

无论你采取哪种方法为觉察身体时的情绪体验创建一个容

器，应对负面情绪最终都会变得简单起来。你可以让自己在容器里“一团糟”，想哭就哭，说些骂人的脏话，打枕头，或者对着房间的墙壁发牢骚和抱怨，但是，要能够确保让自己不超出容器的边界。如果你的边界是当计时器响起时就停止抱怨，那么就要认真对待——立刻停止抱怨；如果你的边界是花些时间觉察身体后离开房子散散步——那就去散步。

通过练习你会发现，如果创建合适的容器，你就会具有更强的适应力来应对负面情绪。你不必逃避它们，不必压制它们，你可以设定边界。这样可以使你在体验这些难以应对的情绪的时候，不会让这些情绪变得更加强烈。

记住，我们的恐惧会告诉我们觉察身体将完全是负面体验，会让我们不堪重负，但事实并非如此。我的许多客户已经发现觉察身体可以让他们发现自己更有趣的一面，让他们更轻松了一些，或者变得更感性、更具有女性气质。

在这一章里，我曾指出恐惧并不是理性的，它是一种原始情绪，当我们通过身体感受到这种情绪时，它会对我们的生活产生非常大的影响；快乐也不是理性的，它也是一种原始情绪，当我们通过身体感受到这种情绪时，它也会对我们的生活产生非常大的影响。你的最勇敢自我也许以后会做很多伟大、勇敢的事情，

但是当你觉得自己敢于冒险并且富有勇气，觉得能够创造自己想要的生活时，你将是最快乐的。

前 瞻

现在你已经知道如何觉察身体，你会选择哪种方式进行练习呢？如果你想等到完全下定决心时再使用这个方法，那么你很可能不会采取任何行动来觉察身体，也就不会向着实现你的勇敢生活这个目标前进。但是，如果你选择通过一种简单的方式觉察身体，每天只做 5 分钟练习，将会受益颇多。你将会注意到自己的恐惧以及它是如何掌控你的行为的，从而就会知道你需要关注当下，做出不同的选择。

觉察身体还有另外一个好处，这一点对于重塑勇气非常重要：觉察身体将会创建更多的空间，让你开始注意到内在批评者所说的话，以及这些声音是如何随意发表自己的看法的。这些内在声音会告诉你一些事情，比如“你不是一个好妈妈”“你不擅长这个”或者“如果你想换个职业，人们会认为你很荒唐”。

当我在生活中遇到一些让我感到害怕或脆弱的事情时，内在批评者的声音通常就会很严厉、很大声、很傲慢。觉察身体会使神经系统运行减慢，这样恐惧情绪就不会变得更强烈，这时候应该做一些积极的事情来应对那些基于恐惧的内在声音。在下一章，我们将会探究那个在你最有可能实现改变时阻止你前行的批评声音。不要试图去回避那个声音，或者让那个声音离开。相反，你要面对那个声音，了解它为什么会出现，以及最重要的是，了解如何不让它具有那么大的影响力。

The Courage Habit

第四章

不受影响地倾听

Courage

当泰勒第一次和我联系来咨询关于教练引导的事宜时，她说她觉得自己只是在保持专注方面需要一点帮助。她在咨询邮件中还附上了自己业务网站的网址。她是一名摄影师，在网站上的“关于”页面上展示了一张女人的照片，照片上的她有着温暖的眼神、棕色的眼睛和灿烂的笑容。她最近经历了一些重大的改变：在这一年里，她结婚，购置新房，并且换了职业，从银行业到独立婚礼摄影师行业。

泰勒的生活中充满了各种改变，她在艰难地应对改变所带来的强烈感受。最终我们发现，对于需要帮助的地方而言，保持专注仅仅是其中的一部分。我们开始一起努力寻找、探究泰勒真正想要的究竟是什么，她很快就开始使用觉察身体这个方法。几次交谈后，泰勒已经可以对她主要的恐惧反应模式进行一些自我探究了。

“悲观者模式，”她向我反馈她在上次交谈后所进行的重塑勇气练习的收获，“我不愿意承认自己是悲观者，但那正是我所发现的。每一次当事情进展得不顺利时，我只会想到放弃，会感觉那件事是不可能完成的。如果我们发现某处新维修过的地方，而这个地方并没有记录在我们买房时的检测报告上，我很快就会想要放弃这个房子，并说我们就不应该买这个房子。或者，如果我和某个人谈过人像摄影的事情，但那个人最终却一直没有再打来电话，我就只想逃离这件事，去看看电视。”

当泰勒陷入悲观者思维方式时，她确信事情不会得到解决，既然不管怎样事情都不会得到解决，那么她不妨做些别的事情。当然，这种想法只会让事情更加难以解决。每一次“逃离”问题，她都会狂看《实习医生格蕾》（*Grey's Anatomy*）这部剧，从而获得暂时的奖赏。她会有几个小时感觉好些了，但之后会感觉到压力和对自己失望，因为她没有致力于解决问题。

泰勒从有薪水保障的行业转入她真正喜欢的职业需要冒很大的风险。（这种风险我也有！）如果泰勒想要在面对改变或者向着自己成为一名职业摄影家的梦想进发时，能有更好的适应力，她就需要在将要进入悲观者模式时能觉察到，因为这些模式总是会削弱她的自信心。

为了能够做到这点，我们先从重塑勇气的第一步开始，停下来，觉察身体。在这个过程中，泰勒开始注意到表现为身体暗示的恐惧情绪，例如因为恐惧而出现脑雾现象，这种恐惧会使她感到焦虑，与潜在客户通电话时说话磕磕巴巴。经常练习觉察身体会帮助她觉察到当下正在发生的事情，也能够帮助她在与客户通电话时更加镇定。

泰勒在正确的方向上取得了很大的进步，但她仍然会遇到阻碍并与之抗争。她注意到自己以前从未关注过的一件事：总是会有一个内在批评的声音，不断地告诉泰勒，她并不具备经营好自己事业的能力，“那位客户当然不会雇你拍摄。是什么让你认为自己能够经营好自己的事业？你只是个业余摄影爱好者，而不是职业摄影家。”泰勒尝试了很多次，想要让那个内在批评的声音离开，但它就是不肯保持安静。

当内在批评或者悲观的声音开始喋喋不休时，泰勒不是唯一受其困扰的人。我们每个人都有这些内在批评的声音，我并不是说这是精神分裂或者心理失调。这些批评的声音是各种批判的内在声音——指责、评判、傲慢、挫败、贬低，以及轻视或放弃所取得的进展。换句话说，当我们感到没有能力或者当我们感到能力“不足”时，这就是我们和自己对话的方式。这些声音通常会和某些人的看法或某种反应模式相似，比如养育我们的人，或者对我们的性别或文化抱以成见的某个优势群体，或者我们自己的恐惧反应模式（例如，完美主义者的批评声音会驱使我们更加努力追求完美，而悲观者的批评声音会说努力是没有用的）。我把所有这些内在声音统称为“内在批评者”或简称为“批评者”，因为这个词是个中性词，可以客观地把这些声音的表达进行归类。

认为自己没有批评者？我会劝你再想一想。通常，否认批评者的存在意味着批评者对这个人的生活施加了更大的影响。在布琳·布朗（Brené Brown）博士对人们羞耻感的研究中，她发现一个人越否认羞耻感的存在，羞耻感对他生活的影响越大。通过十几年与成百上千的客户、参加静修的人以及讲习班学员的直接交谈，我发现这个结论同样适用于对批评者的否认。每个人都会有一个批评者，即使是你所知道的最自信的人也有。人们越坚持他们没有批评者的声音，或者他们能够“控制”那些声音，那些声音就越会不断地影响他们，他们甚至自己都没有意识到。

在上一章里，你学习了重塑勇气的第一步：觉察身体，现在你知道如何去发现可能暗示着某种恐惧反应模式的恐惧情绪。当你觉察到恐惧或自我怀疑将要掌控自己的行为时，利用基于身体的练习，你就能够充分地慢下来，进行重塑勇气的下一步：不受影响地倾听。在这一章，你将会学到更多有效的方法来应对那些内在批评者的声音，而不是逃避或与之抗争。你将会开始用一种新的方式和你的内在批评者相处，这样它就不能在你追求伟大梦想、表现最勇敢自我时让你感到恐惧。

许多人最开始就像泰勒一样，逃避他们内在批评者的声音，把这些声音视为自己生活的背景噪声，直到他们不再注意到这些声音。当泰勒开始倾听身体时，她才关注这种声音。那时候她才意识到自己需要以一种新的方式来应对这种声音，而不是忽略它或让它走开。想要逃避你的批评者或者让它走开是可以理解的，因为这个倾听批评者所说的话的过程充满了挑战和压力。卡伦·霍妮（Karen Horney）是一位具有开拓精神的女性主义心理学家，她的理论表明人们通过努力让自己的需求得到满足来应对关系上的压力，这种满足可以通过下面三种方式中的一种来实现：疏离、顺从或攻击。

我们可以用同样的方式来努力实现与内在批评者的共处，我称之为**逃避、取悦和回击。当人们逃避和批评者打交道时，就像自我破坏者和悲观者一样，他们会试图不理睬批评者的话。**他们可能采取下面某种方式：拖延（推迟或找理由等待采取行动），分散注意力（过度工作，依靠酒精或其他化学药品），或者排斥坚持某种行动来应对（比如不采用经常练习重塑勇气这类能帮助他们解决问题的方法）。

取悦批评者在完美主义者和讨好者中比较常见，这种方式可

以解释为不管“它”是什么事情，只要更加努力地“把它做对”，这样批评者就没什么可说的。例如，如果一个完美主义者的批评者说他需要变得更好，他就会以加倍的努力进行回应，认为如果他变得更好，批评者就会满意——问题是，批评者从来都不会满意。而讨好者想要维持内心的平静，希望因为自己的付出而被大家关注，他会采取同样的做法来试图取悦批评者，以使批评者不再打扰他，然而最后的结果和完美主义者是一样的。

回击批评者就是与它争辩，或者强烈地对批评者的话进行回应。回击批评者是用语言进行对抗，例如“你懂什么”，或者“闭嘴”“滚开”，在拼趣（Pinterest）网站上带有“就在今天我打败了恐惧”这类文字的图片就属于这一种。当人们对于内在的指责已经忍耐到极限时，几乎每个人都会至少在某个时刻想要回击批评者。尽管回击会让你突然觉得自己更加强大或者更具有控制力，但是这种方式最终也会让你精疲力竭、徒劳无功。毕竟，让你的批评者离开并不能使它永远离开。不是吗？我们不能再做之前那些只是暂时有帮助的事情，我们需要找到新的方式来应对批评者，而不是进行回击，让双方相持不下。

下面就让我们开始这个练习。首先你要思考你是如何回应自己的批评者的。你发现自己最常做什么事情来应对批评者？你是趋向于逃避、取悦还是回击？你能找到确凿的证据来证明逃避、取悦或回击对于你以后的人生会是一种持久或有效的解决方法吗？采用重塑勇气步骤中的觉察身体，真正地暂时停下来，深呼吸，如实地回答这些问题。

如果想到在以后的人生中你会一直和这个批评者的声音发生冲突，你会感到非常疲惫或者厌烦，那么我这里有个好消息：**不受影响地倾听批评者将会改变这个局面。**当你发觉自己因为批评者而感到恐惧时，慢下来，不受影响地倾听，这样就会使你真正地去倾听你的批评者所说的话，你就会正视那个令你恐惧的内在声音。

“不受影响地倾听需要你保持自己的判断力，”那天我们谈到让泰勒在觉察身体之后进行第二个步骤时，我告诉她，“倾听批评者所说的话确实会让你感到不安。但是，你并不只是在倾听，而是在不受影响地倾听。你要有意识地决定不受批评者所说的话影响，就好比你在街上遇到一个喝醉的人，他一直说你是一个坏人，你可能听见这个人所说的话，但是你最后会决定不受他的话影响。”

泰勒曾经花了很长时间想要不理睬她的批评者，然而从未成功过。为了改变她以前的恐惧反应模式，她不能再逃避、取悦或回击她的批评者，她需要开始倾听。但这种倾听需要保持自己的判断力，不受批评者的影响。

探究批评者

为了探究批评者，我们必须做一件大多数人会像泰勒一样尽可能回避的事情：倾听批评者所说的话。正是这种倾听为我们了解批评者的行为奠定了基础。对于接下来的练习，我强烈建议你写下自己的答案。（你也可以到这本书的配套网站 http://www.yourcourageouslife.com/courage-habit 下载“探究批评者”表格。）当我引导客户时，我们会一起完成这项练习。你可以独自回答这些问题，也可以和伴侣、教练、治疗师或朋友一起进行这项练习。

当你写下自己的答案时，很重要的一点是：**你要准确记录批评者所说的话以及这个声音带给你的感受**。例如，不要写“我害怕失败”，而是写下当你害怕失败时你的批评者对你所说的话，以及脑海中这个声音带给你的感受，“你以为自己是谁？”“你将永远无法完成这件事。”“有人已经做到了，而且比你做得好。”准确记录批评者所说的话对于我们在后面的练习中摆脱批评者看法的影响至关重要。

1. **你的批评者是如何出现的？它最经常跟你说的事情是什么？**这可能包括为什么改变很难或者为什么你没有能力做某事的原因，对你性格的评判（“懒惰”

"愚蠢"),做最坏的推测("如果我没有成功,将无法从失败中恢复"),或者重提你以前的错误。给计时器设置5分钟,尽可能写下你能想到的所有事情。这一步可以被视为把所有的问题都暴露出来。

2. **下面,如实地回答你和批评者的关系。**你常常如何看待你的内在批评者?对于批评者所说的你在这些方面的问题,你有什么感受?例如,尽管你已经尽了最大努力,但它仍然没有离开,这让你感到愤怒吗?你是否被它搞得精疲力竭,是否对它感到了厌烦?你的真实感受是什么?
3. **想一想你在上一章所确定的主要关注点,以及你的最勇敢自我会拥有的生活。**你可能会想要追求某些远大梦想或者渴望改变,比如处理一段棘手的关系,在生活中拥有更多的乐趣,或者去做某件具体的事,如环游世界。当批评者对你创造那些改变或者实现那个梦想的能力发表意见时,关于你的弱点或不足,它说了什么呢?不要只局限于"没有足够的钱"或者"没有足够的时间"。

当你写下所能想到的每一件事后,就要进行这个练习的最后一步,也是非常重要的一步。回到重塑勇气的第一个步骤,采用你发现对自己最有帮助的方式来觉察身体。（换句话说，就是花些时间来跳舞、哭泣、慢慢呼吸、散步，或采取其他方式倾听来自你身体的声音。）毫无例外，每个人如果能真正全身心地投入到这个练习中，就会发现倾听让自己感到恐惧的内在声音是一件非常有挑战性的事情。关注自己的感受，你就会跨越那些曾经束缚你生活的恐惧，你就不会在进行这部分练习时停滞不前。觉察身体是一种可以为你提供帮助的方法，可以使你避免在没有意识的情况下进入某种恐惧反应模式。

至于为什么我们很多人都回避和我们的批评者打交道，原因现在都已经写在了你面前的那张纸上。批评者所说的话让人感到厌烦，通常还很刻薄，而且你很难同时面对那些想法和感受。记住，这些仅仅是写在纸上的话。这些话不必对你或你的生活“意味”着什么。写下批评者的话，然后决定觉察身体，而不是逃避、取悦或回击批评者，通过这样做你就已经在开始重塑暗示—惯常行为—奖赏过程了。以前的模式会让你再次按照旧的基于恐惧的习惯行事，这个练习会让你专注地倾听，但不受批评者的影响，或者按它所说的去做。这对于改变批评者对你的影响非常重要。现在你已经做好了准备来摆脱批评者看法的影响。

摆脱批评者看法的影响

当泰勒开始倾听批评者并如实地写下批评者所说的话时，她开始明白了为什么自己以前总是想要完全忽略批评者的话。她注意到自己的批评者并不仅仅表现出轻视或刻薄，有时候她的批评者还会来个大转变，往往在她几乎不抱有任何希望的时候，对她有更高的期望或者希望她能突然扭转局面。泰勒的批评者就像是主宰者一样掌控着不同的两个观点，如果她已经非常努力地去开拓自己的摄影业务，批评者会强调她本应该更努力。有些时候当她的确更加努力地去放手一搏时，她会感觉到自己压力过大，有些不堪重负，于是生病了。这时批评者的话就完全改变了，它会说泰勒过于努力，使她的生活失去了平衡，她的病就是证据，这说明她永远都无法把这份自由职业坚持下去。

泰勒还注意到她的批评者可能会说话毫不留情面。当她听得越多，她就越会确实感到自己是在困境中挣扎。因为跟客户打电话她会很紧张，所以当她听到批评者以一种傲慢和嫌弃的语气说“如果你在电话里听起来像一个紧张的笨蛋，客户怎么会雇你当摄影师呢？”时，她会完全不知所措。而当批评者用理性分析来削弱她的信心时，她会感到更加困惑。例如，当泰勒访问其他职业摄影家的网站时，她的批评者会随意地、平静地指出：“他们的网站更好些，他们的客户总是会更多些。老实说，你跟他们甚至不在一个级别上，别抱太大期望。”

当我们想要摆脱批评者的看法对我们的影响时，我们都会通过反驳进行应对，但结果却会让我们感到更加困惑。理性而又毫不留情的批评与我们自己关于对错的判断，二者有什么区别呢？毕竟，泰勒想要知道，如果她在电话里“听起来像个笨蛋”，是不是客户就不会雇用她？一个更好的网站是不是就更有可能吸引更多的客户？如果她的批评者没有大声地、强硬地给她指出这个问题，她是不是就会满足于现状？如果没有这种批评的声音，她是否会有动力进行改变呢？

我也有过这种困惑，因为当我刚开始要摆脱自己的完美主义模式时，关于自己对于优秀的标准和我的批评者对于努力的标准，我很难进行区分。一种是以健康的方式激励自己更加努力，一种是不断地追求完美，我该如何对二者进行区分呢？

为了对你真正的自我和你的批评者进行区分，有两点需要注意。**首先，注意批评者的看法如何反映出你的恐惧反应模式。**例如，表现为完美主义者的批评者只关注结果，而从未真正满意过，但是，以一种健康的方式来追求目标，就需要花时间进行反思并认可自己在这个过程中的努力。讨好者看到人们脸上愉悦的表情，会把那看作肯定，说明他牺牲自己的梦想（再一次）是有价值的。然而遵循人与人之间存在相互依赖性并在行为中表现出来的人，会对自己和对他人给予同样的包容。悲观者在一次很小的失望后，会认为他看到的所有迹象都说明了为什么他做任何事都不会成功，而结合实际情况来看待失望的人，会感受自己的真实情绪，但不会把这些情绪作为说明自己在其他方面没有任何成功可能性的证据。当自我破坏者再一次不能坚持自己的承诺时，他会选择逃避，但是能够自我觉察的人会注意到经常跳转到下一件事不利于他长期发展的最大利益。

需要注意的第二点是，当你问自己“这有用吗？”时，你的最终答案是什么。这个内在声音提供的信息或看法真的有用吗？当你听到这个内在声音，你有什么样的感觉？当你思考这个声音所说的话时，你觉得受到激励了吗？这个声音提供的信息是否能帮助你解决目前所面对的问题？如果答案是否定的，那么它就可能是批评者的声音。

有时候人们告诉我他们无法区分批评者和他们真正的自我。他们长时间听从批评者的话，以至于觉得无法和自己的直觉和真正的自我建立联结，这使得他们在摆脱这些声音的影响时会感觉非常不安和沮丧，以至于他们想要放弃。对于这项练习，这是一个非常常见的反应，即使一次练习之后并没有使你摆脱批评者的影响，我仍会建议你深入探究并相信这个过程。如果很难区分批评者和“真正的自我”，这意味着一个被称为“融合”的过程已经发生了。融合这个词源自接纳承诺疗法（ACT），当我们认为自己的想法和真正的自我是一致的，并表现出相应的行为时，这个过程就是“融合”。正如心理治疗专家史蒂文·海斯（Stven Hayes）所描述的，“融合意味着陷入自己的想法中，并允许这些想法控制自己的行为。”（2009）当你的批评者告诉你某件事是不可能的，不能做或者不应该去做时，你相信它的话并表现出相应的行为，你就与批评者“融合”了。

几乎我们所有人都曾经跟自己的批评者融合，直到我们不再问自己批评者说了什么。当你在重塑勇气的过程中更多地练习不受影响地倾听，也就能更容易地发现“真正的自我”和批评者的严厉标准之间的差别。就像我会提醒每一位客户那样，我也请你注意，当问题似乎“太大”而无法解决时，要善待自己，要记住你的旧习惯的形成需要一定的时间，清除它们同样需要时间。在重塑勇气的过程中要坚持进行觉察身体，每当你陷入困境时，一定要让自己暂时停下来，哭出来，懊恼地挥舞拳头，用力跳舞来加快血液流动；或慢下来，深呼吸。

泰勒关于如何区分自我和批评者的问题，在我询问她的恐惧反应模式时得到了答案。“通常，当我们以健康的方式暂时停止做某事时，我们会感觉在某种程度上又恢复了斗志。但是当你陷入悲观者的恐惧反应模式中，不再为自己的目标努力时，那会给你带来帮助吗？”我问道。

“给我带来帮助？不，我不会那么说。那只会让我逃离恐惧情绪。”泰勒说。

为了能够区分真正的自我和批评者所说的话，泰勒再次探究之前所发现的她的悲观者恐惧反应模式，当事情变得困难时，这种模式只会让她放弃；而能够恢复斗志的暂停可以让她感到放松，并为成为更勇敢的自我做好准备——放弃从来都不会带给她那种暂停。我还鼓励泰勒在暂停时通过觉察身体来了解内心感受。泰勒发现，当她因为陷入悲观者模式而停止努力时，她会感受到一种想要“逃离”的情绪，在那些情况下的暂停从来都不能使她恢复斗志。

想一想你在第二章所发现的自己的恐惧反应模式：讨好者模式，悲观者模式，完美主义者模式，或自我破坏者模式。对每一种模式的描述中都列出了当你陷入那种恐惧反应模式时你可能对自己所说的话。列出的那些话实际上正是批评者所说的话。你有没有发现批评者所说的话会使那种恐惧反应模式更为持续长久？暂停一下，花点时间在一个日记本或一张纸上写下看起来特别重要的话。

你最好的朋友（沟通能力却糟糕）

我一直在讲一个事实，那就是批评者的确存在。你也一直在探究自己的批评者是如何出现的，但我们还没有思考下面这些问题，这也是很长时间以来一直萦绕着我的一些问题。为什么批评者会陷入某种恐惧反应模式中？为什么不能只是通过让批评者离开或不再理睬它，来阻止批评者呢？道理上讲似乎就应该那么简单，但实际上并非如此。

要想回答这些问题，我们需要回顾一下关于对基底核和暗示—惯常行为—奖赏回路的认识。要记住当我们处于暗示—惯常行为—奖赏回路中，当我们感受到恐惧暗示时，基底核就会提示我们进入能让我们最快获得减轻压力的这种“奖赏”行为模式。当泰勒的批评者严厉指责她时，它的话让泰勒不知所措并感觉到压力。但是对于泰勒而言，批评者的话从来都不会像为了远大梦想而真正采取行动那样带来巨大压力。远大梦想是人们不熟悉的，具有不确定性，从情感上考虑更具有风险性，因而产生的压力也就更大。每一次泰勒退缩逃离时，她都会得到暂时的“奖赏”，让她感到压力减小。为了不再陷入同样的回路中，她需要不断地回到最基本的练习上，慢下来，觉察身体，并记住她的悲观者恐惧反应模式可能正在影响她的行为，她需要有意识地选择倾听批评者所说的话。坚持将重塑勇气的各个步骤结合起来进行练习，是非常有必要的。

你的恐惧反应模式可能跟泰勒的模式有所不同，但是它会以同样的方式出现。例如，当我感到恐惧时，我会进入自己的完美主义者恐惧反应模式，这使我过于努力。尽管当追求完美的批评者指责我时，我会感觉到压力，但我还是常常按照批评者所说的话去做，因为那是我一直习惯做的事情。我们的恐惧反应模式已经成为一种习惯，使我们总是一开始就轻易地进入这种模式，而不是尝试某种全新的模式。

批评者最大的秘密

批评者最大的秘密是：**批评者自身具有某种恐惧反应模式，它不会仅仅因为我们想要它走开就会离开。它认为自己对你批评实际上是在保护你。**

在傲慢、善变、抨击、大喊、指责和讽刺的表象下面，批评者实际上是害怕的。它害怕变化，害怕以不同的方式做事。它害怕生活方式的改变，害怕被拒绝，害怕应对失败。批评者并不是想要伤害你，它在情感上受过伤害，它正试图保护你以免你在将来受到伤害。因为那个曾经受伤的地方让它感到恐惧，所以它才会开始批评你，希望你能停留在旧的、熟悉的行为模式中，这样你就不会受到伤害。

我仍然记得那天当我的教练马修·马泽尔（Matthew Marzel）提出他对批评者的观点时我的感受。**“批评者是你最好的朋友，沟通能力却糟糕。”**他说道。我立刻就对这种看法感到排斥，“这个批评者绝对不是‘我的朋友’！”当我想要尝试做某件未接触过的事情时，难道不正是这个声音不断地削弱我的信心吗？难道不正是这个声音总是指出哪些地方可能会出错？难道它只是在开玩笑吗？

“我把批评者看作我们的一部分，它所关注的是不惜一切代价在困境中生存。”马修解释道，“它之所以尽可能地大声说话，实际上是因为它非常缺乏安全感和感到害怕。它认为追求梦想会对生存造成很大的威胁，会使你遭遇拒绝和感到挫败。因此，批评者会不惜一切代价来避免这些体验，即使那意味着它会用恶言恶语的方式来指责你，阻止你冒险。它试图使你安全，但它的沟通能力却糟糕。我已经决定和我的批评者设立边界，而不是忽略它或进行回击。”

然后，马修问我：“忽略、安抚或者对抗批评者是否能成功地让它走开呢？”当我仔细思考这个问题，我意识到答案是否定的，它不会离开。我的批评者总是会回来，因此需要不断地（让人精疲力竭地）逃避、取悦或回击它。在马修的帮助下，我第一次开始倾听批评者跟我说的具体事情，并尝试发现隐藏在批评者的话的后面的恐惧。

例如，批评者经常说我的作品太差劲，我将永远无法得到出版机会。那种看法正是对失败的恐惧。当批评者说出这样的话后，我会逃避写作，这样就不用去考虑失败的可能性。或者，我不停地逼迫自己，幻想着竭尽全力就会得到我想要的结果。没有付出就没有收获，难道不对吗？批评者还告诉我，我很自私，我没有为别人做足够多的事。这反映出我的恐惧，我害怕如果自己不给别人很多的补偿，如果不通过为别人服务来证明自己，我就不会得到别人足够的喜欢。批评者的评判和傲慢使我害怕自己不被别人喜欢，于是它又敦促我更努力地为别人做越来越多的好事。想要被别人喜欢并不是件坏事，然而因为受到批评者害怕被拒绝的恐惧影响而努力，却是一种让人精疲力竭的生活方式。批评者的恐惧在掌控着我的生活，我无法按照自己的意愿去过一种注重勇气的生活。

多年来我倾听了自己的批评者的声音，也倾听了很多客户和讲习班学员的批评者的声音，那些批评者在夸夸其谈的时候，实际上它们是感到恐惧和缺乏安全感的，我可以看出在泰勒的生活中她的批评者也是这样的。她的批评者为了使泰勒不被拒绝而总是格外小心，它以错误的方式试图来保护她，但它的沟通能力却糟糕。如果批评者可以通过指责使她不采取行动，那么她就不会冒险去做可能会失败的事情——不管这种失败是真实存在的还是想象出来的。批评者正在用异常的方式来试图使泰勒避免遭遇痛苦。

你自己亲自试一下。再次看看你在“探究批评者”练习中的答案，看一看你写下的具体的事情，这一次你要关注批评者在哪些地方采用威逼、恐吓、指责、羞辱或其他方式来阻止你为了目标而采取行动。它阻止你冒险的真实意图是什么？你的批评者是不是说你还不够优秀？其他人是否会认为你的想法太愚蠢？是不是某某人已经做了你想做的事情，并且做得比你好，因此你再尝试是没有任何意义的？然后问问自己为什么批评者会那样说，以及为什么那样说表明了你的批评者是你“最好的朋友，沟通能力却糟糕”。

如果你相信批评者所说的话，在你真正想做的事情上退缩，那么你将永远不会遭遇到在追逐自己最大梦想的过程中可能出现的风险。对于你的批评者而言，为了短期的安全，那样做是值得的。现在你需要决定，是否应该一直相信批评者说的话，或者现在到了应该改变的时候。

首先要改变的就是你和批评者之间的关系。批评者既不是你的敌人，也不是应该给你建议的人。准确地说，它是缺乏安全感和基于恐惧的那部分自我，它只有一个目的：维持安全感。

“为了帮助自己不逃避、取悦或回击批评者，我会试着把批评者看作一个小孩。”我告诉泰勒，“它应对压力的能力有限，常常只考虑短期利益和尽快得到满足。如果我遇到一个乱发脾气的小孩，把他锁到房间里来避开他是否会有用呢？如果我取悦这个孩子，给他任何他想要的东西，那也许会让他停止发脾气，但是他总会有更多的要求。当然，最坏的选择就是回击。如果当他发脾气时我也回击他，如果他冲我大喊大叫，我也这么做，那我最后可能会带来更大的伤害。我成了伤害别人的人。”

“这使我想到了当我和丈夫争吵时，”泰勒说，“如果我们摔门而去，避开彼此，对解决问题并没有帮助。如果我向他道歉，但我其实并不觉得自己有错，只是想结束争吵，那也无济于事。而且，我不愿意他也那样向我道歉。最糟糕的是我会对他说一些自己会后悔的话。”

泰勒把自己与批评者的关系同自己与生活中其他人的关系联系起来，这让我非常高兴，特别是因为在我们的文化中对于如何应对恐惧非常盛行“打败恐惧”的想法。泰勒并没有把批评者视为要打败的对象，相反，她开始认为自己有能力像处理好她和丈夫的关系一样，去处理好自己和批评者的关系。

基于个人的经历我知道，这样做可能还会有一些更好的结果：当对批评者给予同情心并设立边界时，批评者的愤怒、害怕的行为可能会得到改善。**正是这两者的结合——同情心和边界——在应对批评者时会带来彻底的改变。**

破译批评者

把批评者视为能力有限的小孩，这个看法帮助泰勒不再采取逃避、取悦或回击的方式来应对批评者。她也不再进入自己曾经习惯的恐惧反应模式中。

“我感觉自己开始了解所有这些不同的部分，并且可以把它们结合起来进行练习。”泰勒告诉我，“因为我在觉察身体，我会注意到自己更需要什么，尤其是当悲观者模式即将出现的时候。我听见了自己的批评者所说的话，虽然它的话仍然有些奇怪，但是没有关系，我不会当真。不过，我一直想知道：如果我的批评者的确非常害怕……它究竟害怕什么呢？我的意思是在我成长的过程中，我从来没有被虐待过，也不认为自己经历过任何非常严重的心理创伤。坦白说，当我想到其他人所经历的事情，我会感到有些难过，相比之下，我的生活是多么幸福啊！我的确很幸运，有那么多的事情让我心存感激，但为什么我会陷入像这样的困境中呢？”

关于这个问题，我反复思考过很多次，也跟朋友们进行过不止一次的交谈，对类似于存在焦虑的问题进行探讨。作为人类，我们天生就是脆弱的吗？只有人类会出现这种情况吗？这是集体主义社会被个人主义社会取代的结果吗？它属于生物化学的范畴吗？为什么这部分自我似乎从根本上就缺乏安全感？似乎只有一个答案比较合适：因为生活从根本上就是不确定的，我们生活在一个自己无法控制的世界中，所以批评者从根本上就会有恐惧感。

因此，我是这样告诉她的，“我认为批评者会一直幻想着或认为你应该能够更好地控制自己的生活。你可以通过更加努力来控制生活，或者你可以通过从不犯错误来控制生活；你可以通过不断地制订计划来控制生活；你可以通过变得更瘦、更漂亮、更聪明或更富有来控制生活。

“那就是批评者善变的原因！”当泰勒把各部分内容结合到一起后，她说道，“在批评者善变的背后就是它对控制的要求。

如果我已经更加努力，那么我本来应该再努力些；如果我因为过于努力导致生病，那么我早该知道要暂时停下来进行休整。正是在这样的事情上批评者认为不管怎样我都应该具有掌控力。”

“你说对了！”我说，“的确如此，批评者不愿意去面对这样的现实：生活本身就不完美，有时候好人也没好报。没有任何人的生活会像他们在拼趣网（Pinterest）上展示得那样美好，没有人可以不努力就得到他们想要的生活，没有人能控制自己的生活！批评者害怕失去控制，因此它努力去维持安全感。为了安全感，批评者会不惜一切代价。它会告诉你尝试去做是没有意义的，然后又会因为你没有更努力去尝试而指责你。因为它感到恐惧所以它才会缺乏理性。”

泰勒认同这种观点，但那也给她带来另一个她不喜欢的可能性：这是否意味着她总是需要忍受着去倾听批评者的愤怒和傲慢？除了倾听，难道什么也不能做了吗？我提醒她不受影响地倾听指的是不让自己受到批评者的话的影响。我告诉她，她可以只是听到这些话，但没有必要相信它们或者按照批评者所说的去做。“不过，还有另外一点对你会有所帮助，”我补充道，“一旦你知道了批评者所说的话，就到了设立一些边界的时候了。”

边界，和批评者？起初，这种观点通常会让人感觉是不可能的。当我告诉客户他们可以采用某一种方法来帮助自己改变批评者的声音时，即使是最愤怒的、最刻薄的、最吹毛求疵的声音，他们通常会有些怀疑。因为这个过程从来都不是要变得“没有恐惧”，我们知道逃避、取悦和回击不起作用，所以我将要分享的方法并不是用不同的方式来不理会这些声音或让它们走开。相反，我们会从改变你和批评者的关系开始。在学习了如何倾听批评者的话并不受其影响之后，你就可以开始设立一些真正的、有意义的边界。

“请换种方式”

关于应对批评者所说的话，现在我们所要了解的这种方法是我接触过的最有效的方法。这种方法最初是我的教练马修教给我的，我现在又通过一对一交谈、讲习班、大型远程峰会和在线课程把这种方法教给了成百上千的人。这种方法叫作“请换种方式”。

我发现，如果你一开始就能够想象自己如何对另外一个人使用“请换种方式”这种方法，那么你会很容易知道该如何对批评者使用这种方法。我和丈夫确实有过应用这种方法的体验。在两个人之间，“请换种方式”是这样进行的：**不管什么时候，如果你或者你的伴侣说了一些让对方感到焦虑、不被尊重的话，或者**

说了不再爱对方之类的话，对方就需要表达自己的意见，要求另一方“请换种方式”。

例如，假设我丈夫忘了在商店买我做晚餐所需要的东西。当他回到家后，我感到非常愤怒，不假思索地说：“真的吗？你再一次忘记买了。每当我让你顺便去商店买东西的时候，你却总是忘记，我实在是受够了。”

然后，我丈夫说（通常在深呼吸和觉察身体之后）：“请换种方式。”那是他在暗示我说了一些让他感到不被尊重的话，他希望我能够换种方式表述。

于是我深呼吸，觉察身体，并关注自己的感觉，然后我说：“好的好的，我道歉。因为我们没有这个原材料，所以我感到不知所措和心烦意乱。因为我确实需要用它来做今天的晚餐，你能去趟商店吗？”

“请换种方式”的语气是影响这种方法效果的最重要因素。不是以消极对抗的语气说出这几个字——这表明你内心深处仍然非常愤怒，而是要平静地说出这句话。对于你和批评者的关系，你应该以同样的方式练习对批评者使用“请换种方式”这个方法。当批评者跟你说一些带有负面情绪的话时，你可以友好地对它说：“请换种方式。我愿意倾听你要说的话，但是你需要以尊重他人的方式来表述。”

当泰勒第一次练习用这种方法来应对她的批评者所说的话时，她们之间的交流类似下面这种对话：

批评者：如果你听起来像个笨蛋，客户怎么会雇用你当摄影师呢？

泰勒：（在深呼吸和觉察身体之后）请换种方式。我愿意倾听你说的话，但是你需要以尊重他人的方式来重新进行表述。

当泰勒要求她的批评者以尊重他人的方式进行沟通时，她的批评者不会自然而然地就变得兴高采烈和积极乐观起来。它可能会这样说："胡说，我没有撒谎。如果你听起来像个笨蛋，没有人会雇用你当摄影师，那就是事实。"如果批评者的语气或者言辞不礼貌，泰勒会这样回应："请换种方式。我愿意倾听，但是你必须以尊重他人的方式表述。请换种方式。"

泰勒的批评者不会马上就放弃原来的沟通方式。它的语气可能会有所软化，不过听起来仍然是不支持的："好吧。只是，如果你对电话沟通感到紧张，辞掉你的正职工作实在不是明智之举。作为自由职业者电话沟通是最基本的部分，你是无法应付的。"每当泰勒的批评者有点改变但仍然不支持时，泰勒就会说："我看到你在措辞上有所改变，然而，这种表述仍然不具有支持性。我需要我们能以一种支持和尊重对方的方式来进行交流。也许你可以告诉我你最害怕的是什么，请换种方式。”

在这个时候泰勒的批评者可能才会发现自己真正的恐惧:“我害怕如果你在这项事业上失败，你将没有钱来付账；我害怕你的丈夫会因为你把钱都投到这里而对你不满；我害怕如果我们失败了，那意味着你在后面的人生中都要做自己不喜欢的工作。那就是我的恐惧。”

就像泰勒的批评者一样，当你的批评者开始说出它所害怕的事情，并不再用自己的看法来掩盖那种恐惧时，你和你的批评者就做好了一起解决核心问题的准备。当你的批评者放下戒备，你在交谈中所面对的就是需要治愈的伤口，而不是以前那种模式下的防御。

“你真正害怕的是什么？”一旦你的批评者放下了戒备，这就是你需要问它的问题。如果批评者告诉你它所害怕的事情，那么你就可以开始在那个方面提高适应力。泰勒的批评者害怕没有钱，害怕泰勒的丈夫会感到不满或者害怕泰勒不能做自己喜欢的事情，当它被这种恐惧所束缚时，会感到恐惧和不安，从而就会使泰勒感觉自己陷入了困境。通过和批评者交谈，通过采用“请换种方式”这个方法，泰勒能够听到她的批评者所害怕的事情，她就可以给予她的批评者以温柔和关怀，而不是回击、取悦或逃避。她会把受伤的批评者看作一个需要治愈的小孩，而不是一个需要战胜的敌人。

运用“请换种方式”

你可以亲自试一试“请换种方式”这个方法。首先回到你在本章刚开始时做的“探究批评者”的练习，浏览一下你的答案。每次从那个练习的答案中选取一句话，试着大声地说出来，并倾听你的批评者所说的话。每当批评者说一些让你感到不被尊重或者不被支持的话时，就用“请换种方式”这句话进行回应，来温和地向你的批评者表达自己的需求。例如，如果批评者的语气太严厉，你可以说：“我愿意倾听你所说的话，但我需要听到更友善、更平静的语气。”每次你的批评者仍然用严厉的语气进行回应，你都要再次运用“请换种方式”这个方法，直到你开始应对批评者话中所隐藏的核心内容——批评者的恐惧。（你可以去网站 http:// www.yourcourageouslife.com/courage-habit 下载这个练习所用的表格，以及冥想引导的音频文件。）如果你能录音，或者能大声地对着镜子说话，那么你在这个练习中还会有更强烈的感受。

这个过程需要反复进行，你写下批评者所说的话，然后不断地对它的话进行回应："请换种方式。我愿意倾听你所说的话，但我需要彼此尊重的沟通。请重新措辞，请换种方式。"

你在不断回应的过程中，需要发现批评者愿意了解自己的恐惧和面对自己脆弱的时刻，在那之前，每一次批评者所说的话如果在言辞或语气上不具有支持性，就说"请换种方式"，并再补充一些可以与批评者设立边界的话，友好地告诉批评者究竟什么地方需要改变，以使它能够重新措辞。如果批评者语气平静，表述合理，但是隐含着不支持的意思，就让批评者用具有支持性的语句来重新表述。

这个练习是一种非常有效的方式，能够让你的批评者以尊重对方的方式进行沟通。你要画一条边界线：你将倾听批评者所说的话，不再采取回击模式，批评者也不能说具有攻击性的话。你不会接受不尊重对方的沟通。

每次当你遇到困难时，希望你都能够经常运用这个方法。你并不是要"摆脱"你的批评者。你只是一层一层地去揭示和应对它所害怕的事情。通过应对批评者的每一种恐惧，你就会摆脱恐惧的影响。

满足批评者的需求

“让我们再次在脑海里想象一个小孩。”当我们发现了泰勒的批评者最深层的恐惧——害怕没有足够的金钱，害怕被埋怨或者害怕泰勒以后的人生都要做她不喜欢做的工作时，我启发泰勒：“如果你坐在一个小孩身旁，她说自己担心没有足够的金钱，你会怎么做？”

泰勒深深地吸一口气，她开始变得感伤起来，跟我分享了下面的经历。当她告诉我小时候家里的钱是如何紧张时，我可以想象到她的棕色眼睛里浸满了泪水。她的父母都不喜欢自己的工作，他们感到烦闷，他们会在泰勒面前争吵来发泄自己的挫败情绪，或者每当泰勒需要钱来交学校的午餐费或者购买新的学校用品时，他们就会变得烦躁或不耐烦。泰勒十岁的时候，她父母之间的关系出现了巨大的裂痕。泰勒的父亲在没有先告诉泰勒母亲的情况下就把钱借给了泰勒的叔叔。她的叔叔一直没有归还这笔钱，她的母亲也一直没有原谅她的父亲。

“听起来让人觉得看着这些事情发生实在是太难以应对了，尤其是对于一个孩子来说。”我说道。我们沉默了一会儿，然后我问她：“如果你现在和那个十岁的孩子在一起，你会给她什么样的支持？即使你不能控制生活，不能变出钱来，或者阻止争吵，但是假设你在那里为十岁的你提供帮助，你会怎么做？”

“我会让她知道我们最后会好起来的，”泰勒毫不犹豫地说道，“即使没有钱，我们最后也会好起来的。”

和泰勒的那次交谈是一次非常让人感伤的谈话，当泰勒发现了竭力避免遭遇经济困难或其他人的不满的批评者和现实情况的关系时，我的眼泪也流了下来。这是一次重新体验痛苦回忆的交谈，但却显现出有力的线索。泰勒肯定地告诉我，尽管她在成长的过程中一直经济窘迫并充满了恐惧，但她内心深处所恐惧的事情并没有成为现实。

泰勒的批评者为了寻求安全感，在泰勒脑海里大声说话或唠叨不停，这使她忽略了关于自己人生经历的最重要的事实：经历磨难增强了她的适应力，这种适应力比承受磨难这个现实对她更有影响。尽管她并不完美，尽管她发现自己不只一次陷入悲观者模式，但她一直致力于追求自己的梦想，致力于站在最勇敢自我的角度去生活，并会在产生恐惧和自我怀疑时寻求帮助以进行应对。

最后一次，我请你回到“探究批评者”练习中，再看一看你的批评者所说的话。这时候，你也许会注意到有些话对你已经没有多大影响了，因为这些话你已经读过很多次了，现在你知道了批评者在哪个方面会感到害怕，它所说的话并不是事实。

不过，这一次你要找出仍然会困扰你的那些批评者所说的话。对于批评者所说的任何让你感到难以应对的话，你都要仔细探究，尝试弄清楚批评者的目的，或者它想要阻止你向前迈进一步的原因。要注意批评者是如何因为自己对安全感的异常需求而产生这些看法的。运用“请换种方式”这个方法，直到你弄清楚批评者的恐惧，或者试着问批评者：“你究竟在害怕什么？这到底是怎么一回事呢？”

在接下来的几周里，泰勒感到自己重新拥有了激情，并在她生活中的各个方面都有所表现。泰勒的主要关注点一直是发展自己的摄影事业来维持自己的生活，现在每当批评者关于这个目标发表看法时，她都会运用重塑勇气步骤中不受影响地倾听这个方法来应对。

在我们的电话交谈中，泰勒已经完全认可这个事实，她对生活的渴望是合理的，而且她也值得拥有这些渴望。即使有段时间她感到承受的阻力非常大，她也会从比以前更多的角度来看待问题。觉察身体让她能够感受到自己所承受的阻力或者痛苦，然后她会通过散步或者停下来深呼吸来进行应对。通过不受影响地倾听批评者所说的话，采用“请换种方式”这个方法来设立边界，并弄清楚批评者究竟在害怕什么，泰勒就能够掌控自己的生活了。

于是，我们谈话的侧重点发生了改变，进展非常快。现在我所要听到的不是关于为什么事情“将永远不会成功”的理由，相反，我要听到的是包含所有可能的选择。泰勒也开始发现有越来越多的人请她拍摄写真，她和丈夫也能够坐下来一起制订财务计划，而不是争吵。

“不可否认，要是在我们算账的时候能够喝杯酒就更好了。”泰勒笑着说。听到她声音中的轻快，我非常开心，我知道她也为自己感到骄傲。泰勒已经意识到了呈现最勇敢自我的一个最根本的内容：批评者是自我的一部分，是整体的一部分。如果你想要喜欢和接纳完整的自我，就需要学习如何喜欢和接纳更让人厌烦或更难相处的那部分自我，比如批评者。我们经常会担心如果给予批评者关注，它会变得更加傲慢、声音更大。然而，泰勒发现用关爱和同情来治愈批评者的伤口，正是她获得自由的关键。

前瞻

这一章涵盖了很多重要内容。我经常会鼓励客户要记着坚持运用一种方法，用任何一种可能的方式来觉察身体，这样他们就能对当前所处的境况保持关注。我对你有同样的建议。在读完这章后，你可以做哪种基于身体的练习，哪怕只有 5 分钟？

还有一点也很重要，那就是在我们完成重塑勇气的每一个步骤后，你都要再次想想自己的主要关注点。提醒自己你的主要关注点目标是什么，要弄清楚你的批评者说了哪些话来使你相信那些梦想不值得去追求，或者让你认为自己没有能力创造想要的生活。当泰勒发现了她的批评者一些内心深处的恐惧，在她要为实现自己的主要关注点目标而采取行动时，她就能够更加清楚批评者非常可能说的话。每一次批评者出现的时候，她都会再次运用“请换种方式”这个方法。另外，通过对她的主要关注点以某种特定方式进行检查，可以帮助她更好地把注意力集中到自己正在创造的改变上。

关于重塑勇气的四个部分，我们已经完成了一半内容。所有内容需要结合起来进行应用。一旦你知道如何觉察身体，如何不受影响地倾听，你就可以准备开始进行第三步了：重新描述束缚自己的内心假设。在某种恐惧反应模式形成之前，我们其实在很长一段时间里一直从束缚自己的狭隘视角来看待生活的各种可能性。一旦我们知道了批评者所说的话，我们就可以重新描述束缚自己的内心假设，就会塑造一个新的内心假设来引导我们的人生。

The Courage Habit

第五章

重新描述束缚自己的内心假设

Courage

多年来我一直在做一件非常特别的事情。我会早早起床，有时候甚至早上五六点就起床，开车来到半程马拉松或铁人三项的比赛现场，但在那里我仅仅是一名观众。那些运动员深深地吸引着我，尤其是那些进行长距离比赛的运动员。他们是怎样做到的？他们是如何让自己的身体承受住这种高强度的体能消耗的？我被他们所能做到的事情深深吸引，还会阅读有关耐力运动的书籍，也会订阅相关杂志如《铁人三项运动员》（*Triathlete*）和《跑步者世界》（*Runner's World*），但是我认为自己无论如何都无法做到。

对于耐力比赛，我只是在一旁观看或是阅读相关书籍，因为在我看来，我身体太弱以致无法参加比赛。我提醒自己，毕竟我不可能成为一名“运动员”，我更不可能成为一名既能游泳又能骑自行车和跑步的铁人三项选手。充其量，我只是一个“能让自己漂起来”的游泳者，一个容易累的骑行者。虽然我喜欢跑步，但似乎我有易受伤的倾向。

但是，在内心深处我想要成为一名铁人三项选手。不，我渴望成为一名铁人三项选手。当我在 YouTube 视频网站上观看超级铁人三项赛的比赛录像时，我会激动得心跳加速。那就是我会坚持阅读比赛相关书籍，出现在赛场周围，并购买记录耐力赛实况 DVD 光盘的原因。每一次我看到与超级铁人三项赛训练有关的内容时，在我内心深处就有一个小小的声音在低语："哦！我想那样做！"但是多年来，就像那个声音很快出现一样，我也会很快就叹气，心想："那的确很好，不过我无法做到。我不是一名运动员。"

这个想法并不是批评者那种严厉、傲慢的声音。如果是的话，我会给予更多的关注。相反，这个想法只是简单地陈述了一个事实：天很蓝，草很绿，凯特不是一位运动员。然而，有一天一个念头突然在我脑海里出现，我要去一家体育用品商店试穿一下铁人三项潜水服，只是看看自己穿上去会是什么样子。当我在更衣室一边嘟哝着一边满头大汗地把潜水服从下往上拉过臀部时，我才知道穿潜水服本身就是一种有氧运动。我的体形更像凯特·温丝莱特（Kate Winslet），而不像我在《铁人三项运动员》杂志上看到的那些身材苗条、肌肉发达的女运动员们。我看着镜中的自己，潜水服只穿了一半，这时外面的售货员问我是否有什么需要，因为我已经在更衣室待了很长时间。我对自己说："凯特，试图穿上这套衣服，你要做什么呢？你不是一位运动员。"

但是就在那时，那个内心的声音，那个被我视为最勇敢自我的声音，轻声地说：“纵然你现在不是一名运动员，也许你可以成为一名运动员。”当这个想法白纸黑字地印在这里时，看起来很平常，但那时候却让人觉得不可思议。然后我的最勇敢自我继续跟我说：“现在穿上潜水服，即使你感觉很可笑，但是当你完成几次三项运动后，你就会觉得穿潜水服很正常了。毕竟，**任何事只要你经常去做，就会成为一件‘正常’的事了。**”

在那一刻，我才开始认清长久以来一直削弱我的信心并束缚我的“真正内心假设”。这种内心假设并不是严厉批评我的批评者的声音。相反，它只是一种简单的假设：我不是运动员，因此我不能从事铁人三项运动，事情本来就应该是这样的。我从来没有质疑过这种内心假设，甚至从未想过——没有人天生就是运动员。每个运动员都是因为把大量时间用在训练上才成为一名运动员。

正如我改变看法一样，你也应该审视束缚自己的内心假设并进行“重新描述”。即使我们开始觉察身体并质疑批评者对我们的影响，但当我们还没有发现束缚自己的内心假设，或者当我们认为事情“本来就应该是这样”而觉得自己不能做某事时，我们仍然需要努力做出改变。

还记得在前言中提过的亚莉克丝吗？她是一名项目经理，希望美国企业界能多一些心灵沟通。她告诉我，如果她试图把心灵沟通引入职场，她将会被“一笑置之”。她的内心假设是什么？“美国企业界对心灵沟通不感兴趣。美国企业界本来就是那样的，不对吗？”谢伊，一位很酷的穿着机车皮衣的瑜伽教练，束缚她的内心假设是，“瑜伽老师应该只能提供伴随着轻柔呼吸的‘合十礼’式的教学。瑜伽老师本来就应该那样去教学，不对吗？”当谢伊质疑这个内心假设时，她重新定义了自己的最勇敢自我所能做的事情。詹妮尔，三个孩子的妈妈，束缚她的内心假设是，“好妈妈都会以一种特定的方式做事情——无休止地自我牺牲方式。”她需要从这个假设中挣脱出来。埃利安娜，MBA 学员，她总是一而再，再而三地检查自己的工作，直到让自己疲惫不堪，她需要摆脱束缚自己的内心假设是“她不能犯错误”。泰勒，需要摆脱束缚自己的内心假设是“她不够优秀”或者“没有足够的能力实现自主创业”。

如果我们认为束缚自己的内心假设是正确的，我们将会继续认为自己能做的事情是有限的。反复说那些脱离现实、满怀希望的具有超级正能量的“心理暗示”，并不能让我们摆脱束缚自己的内心假设。相反，只有当我们对“本来就是这样”这种假设产生怀疑时，我们才会摆脱束缚自己的内心假设，然后选择一种能够扩展和增强自己适应力的不同的内心假设。

我们常常会忘记，让自己相信梦想不会实现，与让自己相信可以创造想要的生活一样，同样需要花费很多的气力才能做到。有意识地选择自己的内心假设是完全有可能的。如果选择类似下面这些内心假设，例如“我能够从挫折中恢复”“我愿意迎接这个挑战”，或者“我绝不放弃希望”，将会让你在遇到恐惧、挫折、自我怀疑或挑战时，增强你的适应力。

现在到了重塑勇气的第三步：重新描述束缚自己的内心假设。要进行这个练习，你需要首先了解什么是内心假设，并发现你现在可能持有的束缚自己的内心假设，以及发现那些关于自己有能力创造某种生活的假设。然后，你将学习如何重新描述束缚自己的内心假设，选择那些能使自己从更宽广的角度看待可能性的内心假设。

什么是内心假设？

内心假设就是对世界如何运作的内心描述和假设。关键是，内心假设可能不是客观事实。它们是你看待生活的镜片，就像是一副太阳镜，可以改变你如何看待这个世界。关于你个人经历的内心假设与下面的因素密切相关：你把自己视为受害者还是幸存者，你的经历是一次危险的体验还是一次机会，你认为自己能够更加勇敢还是你承认自己不太勇敢。

持有内心假设并没有错。我们每个人都会有内心假设，它们使我们在这个世界上能找到自己的方向，但是有些内心假设比其他内心假设更有帮助。例如，我们都可能会遇到持有下面这种内心假设的人，“每个人都是自私的，都只为自己打算。”因为这些人持有这样的内心假设，他们会怀疑其他人的动机，容易挑其他人的错，认为“应该先照顾好自己”。对于幸福生活而言，这样的内心假设可能不会很有帮助。

我们也都可能会遇到持有下面这种内心假设的人，“每个人都很善良，都尽可能把事情做好。”因为这些人持有这样的内心假设，他们可能会愿意相信别人，不太会认为事情是针对自己的，并且认为人与人之间是相互依赖的。这样的内心假设对幸福生活就会更有帮助。

这两种内心假设都会影响持有者的整个人生观，对他们如何看待世界以及如何与其他人相处产生影响。一个人当然可以使两种内心假设都在自己的生活中发挥作用。但是，当你坚信每个人都是自私的，都只为自己打算时，如果有人可以帮助你摆脱那种内心假设，让你相信这个世界充满了善良的人和竭尽全力做事的人，你难道不会感激吗？

因此，审视那些我们本能地认为是正确的内心假设非常重要——我们可能会持有一些束缚自己的内心假设。例如，当我打消成为一名铁人三项选手这个念头时，或者当谢伊按照“本应该”那么教的方式去教瑜伽课时，当詹妮尔提前设定“母亲的行为方式”并按照这个标准来行事时，我们都持有束缚自己的内心假设。

有时候人们会问我他们的内心假设是否有可能会改变，我的答案是：**我已经一次又一次地看到，有意识地选择你的内心假设完全是可能的。有意识地选择你的内心假设关系到你重点关注哪个方面，关系到你决心让事情具有什么样的意义。**

卡洛琳

卡洛琳，拥有模特一般的高挑身材，是加利福尼亚自由精神的完美诠释。她和我相识于一家瑜伽工作室，最终我们一起练习瑜伽。我们非常合得来，会在休息的时候聊天，会在老师不注意的时候一起做下犬式动作，会告诉对方自己每个刺青背后的故事，还计划着去看安妮·迪芙兰蔻（Ani DiFrenco）的现场演唱会。卡洛琳并不住在附近。当我问她来自哪里时，她耸耸肩，回答道：“各个地方。”接着，她告诉我她为自己设定的游牧生活方式。

“我是沙发客。我会跟别人做些交换。非常自由。只要有人叫我去，不管去哪儿，我都会去。”她说道，“几个月前我来到了旧金山，那时我遇见了这个叫帕里斯的男人。他是个金属工，对空中艺术非常感兴趣。他在奥克兰进行空中艺术表演，因此我跟他住了一段时间。他的室友凯莉是这家瑜伽工作室的主管，她是瑜伽老师的朋友，给我弄到了一个免费上课的位置。所以，我就来这儿了。”

我不禁对卡洛琳的自由生活有些羡慕，同时又不由地想起生活保障的问题，“你如此频繁地来往各地，怎么赚钱呢？”我问道。

卡洛琳笑了笑，手指摆弄着脖子上的一条水晶项链，“总是会有办法的，”她说，“我知道如何给网站编写代码。你可以在任何地方做这件事，不是吗？其实我真正喜欢做的就是你现在做的事情——做别人的心理教练。听上去棒极了。也许你应该成为我的教练，我就能够展现出更大的勇气。”

我笑了，很少听到有人用“棒极了”来形容心理教练。在我看来，卡洛琳非常勇敢，就好像在生活中已经完全表现出了她的最勇敢自我，她还会有什么问题想要解决的呢？但是，我们聊了一会儿后，当卡洛琳知道我的网站需要做些调整时，她说：“我们用几个小时的心理教练时间来换几个小时的网站调整，怎么样？”我很愿意试试，尤其是因为我的网站的确需要升级。

几个星期以后，我们安排了第一次交谈。卡洛琳从俄勒冈州打来电话，她跟住在那里的一位儿时的朋友待在一起，在此之前她已经把交谈前我需要了解的问题发给了我。在我问她想要在哪个方面获得教练帮助的那部分中，她写得非常简单：摆脱债务。

在电话中，我们先互相问候了几句，然后我让她多告诉我一些关于债务的事情，这样我就可以清楚了解究竟发生了什么事，这时候那个说着“总会有办法的”、快乐的卡洛琳突然消失了。她的声音有些颤抖，由于她的声音太小，我不得不让她再重复一遍。“我欠了60000美元的债务。”她小声地说着，有些难以说出口。她接着告诉我，几年前她的妈妈患上了胰腺癌，在那之后她就一直拖欠学生贷款。她的爸爸从来没有出现在她们的生活里，因此他不是卡洛琳可以依靠的对象。为了照顾妈妈她不得不退学，靠信用卡债务她获得了一小笔钱。在竭力偿还那些账单的过程中，她又拖欠了税款。而在她人生最艰难的那一年，她的母亲去世了。她欠了大笔的债务，这使她的经济状况彻底崩盘，并且已经持续了一年又一年——她似乎从来都无法改善这种状况。

我开始对卡洛琳的游牧生活方式有了更全面的了解，选择这种生活方式应该更多地是为了逃离，而不是自由。正如我想的那样，卡洛琳之所以如此频繁地更换居住的地方，是因为她不能通过信用检查，从而无法租房。她只能通过为网站工作来交换她需要的东西，因为美国国税局（IRS）会把她通过传统职业获得的收入全都扣留。结果每当卡洛琳想到债务时她就会经常失眠，有两次甚至出现严重的惊恐发作。好多次她最后被送进了急诊室，但因为没有工作或医疗保险，以致她不得不承担更多的债务。

“所谓的游牧生活只是我的一种说法罢了。”卡洛琳坦白道，“我觉得那样说会使生活听起来更轻松、更快乐，当然，也更容易。因为真实的生活实在是糟透了。比如，我不知道今晚该如何解决晚饭问题。通常我会想办法以某种方式进行交换，或者某个晚上干脆就不吃晚饭，但那样会让我感觉自己太差劲了。我的妈妈如果看到我这样生活，将会对我非常生气，这并不是她希望我拥有的生活。我只希望获得某种稳定——有一个住的地方，有一份工作。你知道的，过正常的生活。”

对于卡洛琳所承受的这一切我之前毫不知情。严格意义上讲，她算不上“无家可归”，因为迄今为止她总能找到住的地方。然而，有一次她不得不离开一位男性“朋友”的住宅，因为那位男性“朋友”认为如果自己给她提供了过夜的地方，那么她就应该跟他发生性关系。虽然卡洛琳随机应变的能力非常强，但这种生活方式也让她疲惫不堪。

当我们要结束第一次交谈时，我们谈到了觉察身体这个方法，对于像卡洛琳那样承受着巨大压力的人来说，这是一个非常实用的方法。我接着补充道，从全局考虑，卡洛琳应该在我们下一次交谈前采取两个重要行动：首先，她需要更多地了解对于处在她那种状况中的人有哪些可行的选择；其次，她需要开始思考如何创造稳定的生活。

“你说自己想要一个住的地方，想要一份工作，”我说道，“那你就仔细想想有哪些可行的选择，通过哪种途径最容易实现那个目标？”

那天在我们要挂断电话时，卡洛琳的状态听上去好了一些。“我感觉好点了，”她说，“我觉得我需要开始规划。一挂断电话，我就去图书馆，开始查找我能做的工作。”我们所选择的内心假设对我们的影响非常明显，卡洛琳注意到“我需要开始规划”这个内心假设让她感觉更加充满希望、更加乐观。

在接下来的几周交谈中，我们很快就发现了卡洛琳的恐惧反应模式，她总是自我破坏，是一个典型的自我破坏者。甚至在她妈妈生病以前，她对于自己在大学里选择什么专业也难以抉择，迟迟不能做决定，直到最后不得不随便选了一个专业。后来，在她把专业上报后，她又向大学委员会申请特别例外，允许她换专业。在三十岁以前，她已经被求婚了三次，其中有两次她接受了求婚并开始准备婚礼，但最后却又都取消了。我们开始讨论这些属于自我破坏的行为，她是否意识到这些问题了呢？“完全正确，”她说，“我觉得在我的成长过程中，所有老师都曾对我说过，我有非常大的潜力，只是我需要致力于去做某事。”

卡洛琳拥有很多优点——聪明，富有创造性，有很强的随机应变能力，在很多方面她所拥有的那种勇气让我们其他人都会感到羡慕。的确，她很难坚守承诺，但是本质上她是一个非常好的人，很多人都喜欢她。她有那么多可以随时让她借住的朋友，就可以证明这一点。她想要改变，但她只是不知道该如何去做。事实证明，发现、质疑、重新描述束缚她的最主要的内心假设是改变一切的关键。

发现束缚自己的内心假设

回想一下第一章的内容，想一想完美主义者、自我破坏者、讨好者和悲观者这几种模式，在影响我们所有习惯形成的暗示—惯常行为—奖赏回路中，我们所认为是正确的内心假设与我们的恐惧反应模式是一致的。如果你的恐惧反应模式是讨好者模式，那么你的内心假设可能是“我应该确保其他人都感到快乐”之类的话；如果你的恐惧反应模式是完美主义者模式，你的内心假设可能是“我必须再努力些，这仍然不够好”之类的话；如果你的恐惧反应模式是悲观者模式，你的内心假设可能是“尝试去做是没有意义的”。对于这一章的练习，你需要记住在你主要的恐惧反应模式和你所持有的内心假设之间存在的这种关系。

对于像卡洛琳这样的自我破坏者，我会留意那些破坏合理可能性出现的内心假设。我发现刚开始进行我们的电话交谈时，她只是会迟到一小会儿，但她会越来越频繁地没有完成两次交谈间的练习。

“你需要搞清楚这种行为意味着什么。”当告诉她我的发现时，我说道。后来有一次交谈她迟到了很久，让我一直在等她，“因为我想要帮助你进行改变，所以我要指出来，在一件事情的进行过程中无法坚守承诺，那正是自我破坏者模式的一种表现。”我说道——只是希望指出我所发现的问题，而不是对她进行告诫。

“听我说，”她突然说道，“事情是这样的，有人给我提供了一份工作。”接着，她的声音变得有些紧张和戒备，她又说道：“不过，我没有接受。我没有办法接受。我只是想告诉你一声。”

刚开始，我并不知道该说什么，卡洛琳有点不愿意多说细节。不过，最后她还是告诉了我事情的详细经过。她的一位朋友最近在西雅图一家技术公司得到了晋升，为卡洛琳在那家公司谋得了一份工作。一年薪水超过 100000 美元，另外他们还可以为卡洛琳在一家公寓提供住宿，可以住 60 天，在那期间，她可以在房源紧张的西雅图租赁市场寻找合适的房子。但是，卡洛琳显然对这份工作并不感到满意。

“好的。”我慢慢地说道，试图厘清整件事情。我希望卡洛琳能够感觉到我支持她的选择，显然她并不想要接受这份工作。然而，卡洛琳从未说过她对于收入无保障的现状感到满意，也没有其他可以提供六位数薪水的工作机会，她打算做什么呢？最后，我问她是否愿意把所有的可供选择的工作列出来——即使是她不喜欢的工作。

“一个选择就是继续做我现在做的事情，”卡洛琳说，“我想那应该是目前最好的选择。我这周就会结束在俄勒冈州的停留，然后我打算和我的一位住在科罗拉多的表妹聊聊，她很快就要生第一个孩子了，我想看看是否可以和她以及她老公住在一起，帮他们照顾婴儿。”

“好的，其他选择呢？”我问道。

卡洛琳停顿了好久才回答：“另一个选择就是接受这份工作，但那真的不算是一个选择。”卡洛琳最后说道，听起来又有些戒备。

“为什么不算是一种选择呢？”我问道。

“是因为……我确实知道那根本不适合我，”卡洛琳说，“我看到我的朋友是如何生活的，她是做招聘工作的，完全是嫁给了她的工作。我还看到了在公司里做这些乏味工作的人们是如何生活的。他们的生活只有工作，然后他们买房，被按揭贷款所束缚，他们一天中唯一的乐趣就是回到家开一瓶酒。我对那种生活不感兴趣。那不适合我。”

“但是，等等，”我反问道，“我们是怎么从讨论是否接受一份工作，转到现在的话题，‘我的生活只有工作、按揭和对酒的依赖’？”

“事情本来就是这样的，”卡洛琳说，从她的声音中我听出她有些激动，“当你固定不变，只有一个选择时，你的人生就没有意义了。”

在我们交谈的过程中，我意识到这就是卡洛琳真正的内心假设，“对一种选择做出承诺意味着固定不变，生活就再也没有乐趣了。”那就是卡洛琳很难对她的大学专业或者她的生活伴侣做出承诺的原因，也是她为什么很难接受这份工作的原因。对于卡洛琳来说，承诺意味着束缚。虽然欠债和四处漂泊都会以各自的方式让她提心吊胆，但却不像承诺一样令她感到害怕。那就是卡洛琳经常进两步退一步的原因。

当和卡洛琳分享我的想法时，我有些担心。在这次通话中，从一拿起电话，她似乎就对我有些生气，我现在可以猜测到应该是因为她内心深处认为我会指责她的行为。

“你是怎么认为的？”在我分享了我的发现后，我问道。卡洛琳沉默了很长时间，最后她同意关于这个问题她再仔细思考一下。那天的交谈我们结束得比较早，当我挂断电话的时候，我不知道我们后面的交谈会是什么情况，或者它是否还会继续下去。

“承诺意味着固定不变，生活就再也没有乐趣了”，卡洛琳的内心假设想要保护她，使她不用面对坚持做一件事的恐惧，也使她不用真正去了解如何坚持自己的选择。虽然她对自己和自己的能力有足够的信心，但当她开始踏上一条特定的人生之路时，那个关于承诺的自我放弃者的内心假设却突然出现。很明显对于卡洛琳而言，这个内心假设很强势。

再次强调，这些内心假设是与我们的恐惧反应模式相一致的保护机制。讨好者把“我应该确保其他人都感到快乐”这种内心假设作为一种保护方式，如果他总是忙着确保其他人感到快乐，那他就没有时间过自己的生活，也就不会体验到在弄清楚自己的渴望或者努力追求渴望的过程中所产生的脆弱感。悲观者用“我似乎做任何事都不可能成功”这种内心假设来保护自己不用去承受可能的失败所带来的痛苦。完美主义者用不同的方式在做同样的事情，他用“我必须更加努力”这种内心假设以及不断逼迫自己变得更好，来避免受到指责或者承受失败的风险。

既然我们的内心假设是基于我们对于自我以及世界运转方式的假设和看法，它们可能以某种难以察觉的方式对我们施加影响，多年来你一直视批评者的声音为背景噪声，现在你决定倾听批评者，但你可能甚至没有意识到你其实一直在根据自己所认定的内心假设来做一些选择。

这次交谈结束后不到一小时，我就收到了卡洛琳的电子邮件，上面写着：“我仔细想了想，我认为关于我所持有的内心假设，你是正确的。但是，现在该怎么做呢？”

我点击回复，写道：“我们——你——需要改变这个内心假设。”

意识到自己的内心假设并进行重新描述，这样你就能从不同的角度看待生活。这是一种可以让你掌控自己人生的行动。如果你在一条林间小径上散步，看见前方路上有一团蜷曲着的东西，你的身体立刻做出反应，认为可能会有危险，这是有帮助的。通常你需要确定前方蜷曲着的东西究竟是蛇还是绳子，而不是放弃走那条路，从而一直逃避或感到恐惧。如果你再更近一些地观察你所恐惧的东西，就会发现它只是一条绳子，而不会再把它看成一条蛇。这跟我们摆脱束缚自己的基于以前恐惧反应模式的内心假设是相似的。

发现你的内心假设

让我们通过深入探究来发现你的内心假设。对于这个练习，你可以在日记本或一张纸上回答下面这些问题。如果你愿意也可以去网站 http:// www.yourcourageouslife.com/courage-habit 下载“发现你的内心假设”的表格。

1. 首先，想一个你的主要关注点，或者想一个让你感觉到有些陷入困境需要表现出自己的最勇敢自我的地方，也许是你感到缺乏资源，也许是一种困惑感，或者是难以应对内在的批评者。在那个让你感到陷入困境的地方努力觉察自己，只需要一小会儿的时间。现在，完成下面的句子：

   我感到沮丧是因为……

   我希望____________________会停止……

   这让我感到困难是因为……

   然后，停下来。深呼吸。记住要觉察身体。

2. 批评者对你的进步会说什么呢？写下来。

我的批评者说我应该……

我的批评者说我不应该……

3. 为了弄清楚你可能告诉自己的内心假设。完成下面这些句子：

就我的主要关注点而言，我觉得自己需要做/更加……

就我的最勇敢自我而言，我觉得我不能……

就我的主要关注点而言，我从来没有足够的__________或者觉得足够__________。

就改变我的生活而言，我不知道……

4. 说到我的远大梦想，或者在生活中完全表现出最勇敢自我，我认为……

在完成练习后，重新看一下你的答案，然后列出你所发现的所有你可能持有的内心假设。当你列出这些内心假设时，你的一部分自我可能会表示反对，他可能会突然插话："不，等一下！你不要相信那是真的。你其实比写的那样更强大，不要写下来。”你的更加勇敢的这部分自我能够走上前并表现出来，这非常棒。然而这个练习的意义在于认清阻碍你发展的内心假设。为了重新描述束缚你的内心假设，首先就要准确地写出当你处于某个恐惧反应模式时，你的内心假设如何在你的脑海中发表看法。在对出现的内心假设进行全面探究之前，不要自己去重新描述，那样做很可能会导致同样的内心假设反复出现。

常见的束缚自己的内心假设

作为发现内心假设步骤的一部分，我常常会让客户留心三个方面，在这三个方面人们最容易持有束缚自己的内心假设。如果你浏览一下你在上一个练习中列出的内心假设，可能会发现自己也持有与下面某一类相关的内心假设。

与我们的成长方式有关的内心假设。这种内心假设源自过去的经历——那些沉迷于自己的事情而忽略养育孩子的父母们，那些说你做任何事情都不会有结果的老师们，那种鼓励你应该保持沉默，不要说出自己真正想法的文化。

关于客观环境的内心假设。这些是关于限制发展的艰难的外部环境的内心假设，例如没有足够的时间、金钱，或者你的想法没有获得足够的支持。认为自己“太忙”打算以后再做，则是另外一种跟客观环境有关的内心假设。

关于可能性的内心假设。这些内心假设会认为自己天生就缺乏某种能力并且不可能改变，或者在没有迹象表明事情一定不会成功的时候就认为不可能成功。例如，“我不够聪明或天赋不足。”“不管怎样我都无法完成。”“除了我根本就没有人在意。”“我太年轻了 / 老了。”“我已经错过了时机。”

重新看一下你在“发现你的内心假设”练习中所列出的内心假设，在属于上面某一类的内心假设旁边标上星号。这些内心假设是最能影响我们对于究竟有多大可能性实现改变的看法。这些内心假设源于非常真实而且痛苦的过去的经历，我不希望你否认、回避或者掩盖这些经历。有些父母的确虐待孩子；也的确存在各种歧视而且会带来影响；缺少时间和金钱并不仅仅是个人所担心的问题，也反映了在我们的文化中的确存在体制上的不平等问题。尽管那些艰难挑战是真实存在的，但我在这里希望你能发现束缚自己的内心假设是在哪个方面对你施加影响的，从而你就可以应对、了解和承认那些内心假设，这样它们就不会再控制你的生活。不要假装痛苦的过去未曾发生，或者未来的一切都总是会很容易，重新描述你的内心假设会帮助你从实际出发来摆脱束缚，还会促使你去发现各种可能性——即使很难去想象。那些只是发生在过去的经历，现在你可以开拓思维思考一下在当下你想要如何生活。

质疑束缚我们的内心假设

当我们发现束缚自己并且没有帮助的内心假设后，我们就有机会选择人生的下一个方向了，我们可以问问自己："我真的相信这个内心假设吗？"这个问题的答案可能会带来非常大的影响，尤其是当你意识到有充分的证据表明可以从一个不同的并且更加积极乐观的角度去描述自己的人生时。

对于决定是否接受朋友提供的工作，卡洛琳能够考虑的时间有限，因为她的朋友需要很快找到人来填补这个职位空缺。那一周，我们增加了一次电话交谈，对卡洛琳的内心假设进行了深入探究，并根据真实情况加以审视，"对一件事的承诺意味着固定不变，生活就再也没有乐趣了"，那是真的吗？

卡洛琳通过理性分析认识到这种内心假设并不绝对是正确的。即使对某些人来讲它是正确的，但对她而言未必就是正确的。我们开始讨论这些假设。承诺可能意味着很多事情，那么卡洛琳认为承诺对她而言意味着什么？如果她质疑自己一直持有的那些关于“承诺”意味着什么的假设，并想要试着找到另外的看法，她可以问问自己：“承诺对我而言意味着什么？什么是决定因素？承诺会持续多久？什么是可以接受的，什么是不可以接受的？”

“我刚刚意识到另外一件事，”当我们讨论那些跟环境、成长方式以及可能性有关的内心假设时，卡洛琳说，“我的内心假设与可能性有关。我根本就不认为自己是‘一个坚守承诺的人’。就好像我的大脑里有这样的看法，世界上有两种类型的人，我只不过不属于那类‘坚守承诺的人’。我一直以为这没什么大不了的，因为我会伤害到谁呢？”

“你能够发现这点真是太棒了。”我说，“你伤害过别人吗？”

“嗯，是的——查理和怀亚特。”卡洛琳说道，那是她曾经接受求婚但最终又分手的两个男人的名字。“他们并不知道当我对承诺说同意的时候，其实那时候我并不觉得自己能做出承诺。而且，我实际上也并不快乐……可以说一次又一次的放弃使我也受到伤害。我总是有想要赶紧做下一件事的冲动，并且会立刻就采取相应的行动，但那是我的恐惧反应模式，并不是我真正想要做的事情。”

我鼓励卡洛琳把每一条内心假设——不管是积极的还是消极的——只要与是否接受这份工作有关的，全部都列出来。的确，这份工作可以负担卡洛琳的日常花销，使她摆脱债务，但是我们两个人也都知道，如果她在并没有完全认可自己选择的情况下接受这份工作，那么她将会再一次地开始后又放弃——我们需要检查她所列出的每一条内心假设，仔细地审视它们，反复思考并进行质疑。

我鼓励你做同样的事情，把可能阻碍你发展的内心假设全部都列出来，并如实地进行质疑。现在花些时间再浏览一下你所列出的那些自己发现的内心假设，问问自己，“这个内心假设对我意味着什么？”以及“这真的是事实吗？”

这一章刚开始我把自己的内心假设“我不是一名运动员”作为例子进行了分析。潜在的内心假设其实是“我根本就不可能成为一名运动员”——这是一种关于可能性的束缚我的内心假设。

“这个内心假设对我意味着什么？”——我不能完成铁人三项的比赛。

“这真的是事实吗？”——不是事实。如果我投入时间，我就有可能完成铁人三项的比赛。

下面是另外一个例子：詹妮尔。前面的章节里介绍过的三个孩子的妈妈，她的内心假设是“好妈妈就应该有自我牺牲的精神”。

“这个内心假设对我意味着什么？”——如果我没有自我牺牲精神，我就一定是一个坏妈妈。

“这真的是事实吗？”——不是事实，除非我相信它是真的。我可以自己来定义好妈妈对我而言究竟意味着什么。

对你所列出的内心假设采取同样的步骤。针对每一个内心假设，问问自己，“这个内心假设对我意味着什么？”以及“这真的是事实吗？”质疑的同时写下你的答案，并保持对你所写的内容的关注，因为现在要开始重新描述你的内心假设了。

重新描述束缚自己的内心假设

在上一部分中，你对一些束缚自己的内心假设已经进行了质疑，并开始认识到它们未必就符合你的真实情况。当你开始重新描述内心假设时，需要有意识地摆脱某个束缚你、限制你的内心假设，而选择更具有适应性和拓展性的内心假设。当我向卡洛琳解释这部分内容时，她说：“等一下。这些难道是心理暗示吗？我讨厌所谓的正面心理暗示。”

“哦，太好了。我也是。”我说道。尽管“正面心理暗示”在教练中非常流行，但我并不喜欢这种方法。我已经记不清楚有多少人曾经告诉过我，他们也对反复说这些正面心理暗示很反感。这种反感并不是出于本能或者受负面情绪影响，我们中的大多数人都曾经尝试过反复说些心理暗示——甚至有点过于执着——结果却感到沮丧，就好像我们一直在反复地欺骗自己。正面心理暗示就是力劝你相信某种过于乐观的表述，这种表述有可能实现，也有可能无法实现，并且让你不愿意承认自己存在“负面”情绪，比如恐惧情绪。例如，如果卡洛琳想要摆脱她的信用卡债务，我不认为她反复说“我是一个百万富翁！”或者“我没有任何债务了！”直到说得喘不过气来，就可以解决问题。

更糟的是，当人们面对压迫（例如基于种族、性取向和性别的歧视，教养过程中的创伤，或者由于体制问题缺少获得金钱或资源的机会）时，如果让他们只专注于正面心理暗示，就会缺少对真实的痛苦以及那些经历所带来的影响的共情。卡洛琳就是在一个给个人提供很少安全保障的社会里缺少资金资本，鉴于这种情况，她也属于受到压迫的那一类人。这使得她容易产生债务，并且难以偿还。

关键是，我们所经历过的或者我们正在承受的伤害是真实存在的。你的成长环境并不是“只浮现在脑海里”，也不是只要拥有积极的想法就可以改变。在重新描述束缚我们的内心假设时，我们并不是要对过去受到的压迫或者成长环境带来的影响轻描淡写。当我们对束缚自己的内心假设进行探究并想办法摆脱时，我们是想要阻止这些内心假设不断地束缚我们的人生，使我们一次又一次地感到痛苦却又无计可施。

我们真正的目的是在困难的环境中找到积极因素。对于那些有意识地选择更加积极的内心假设的人而言，困难的事情和严峻的生活挑战仍然存在。但当你开始重新描述内心假设时，你会发现不断地寻找更加积极的内心假设是一种使你具有适应力的方法，可以使你从那些困难中很快振作起来。**审视你的内心假设，这样你就可以有意识地选择那些更加积极或者更能帮助你实现目标的内心假设，这并不是一种天真的想法。只有愿意相信那些选择是存在的，你才会更有可能发现它们。**重新描述束缚自己的内心假设，这个过程可以看作是摆脱那些可能并非事实但是会束缚自己的想法，以拓展思维去发现更勇敢、更能实现个人理想的选择。承认那些可能属于从前或是你过去经历一部分的事情，接受你此时此地的处境，然后就能弄清楚自己可以向哪个更有帮助的方向拓展思维。

对于卡洛琳来说，她首先要对所列出的内心假设一条条地重新描述。她发现关于债务的一个内心假设是这样表述的，“这债务太重了，我将永远无法还清。”这其实就是一种她对生活的看法，这种看法有时候会让她因为考虑到自己的财务状况而进行不合理消费——给这种不合理的消费时刻找理由的内心假设是，“既然我永远也无法摆脱债务，那我不妨在条件允许的情况下找些乐趣。”后来她对那个内心假设重新加以描述，“我决心要把这些债务全部还清，即使我只能每月偿还最低还款额。”她不是盲目地宣称自己将成为一名百万富翁，或是假装债务一夜间就会消失，而是宣告自己对于改变现状的决心。

当练习进行到承诺意味着固定不变这条内心假设时，卡洛琳首先会告诉自己，“我要确定承诺究竟意味着什么，是否意味着固定不变”。她不是假装弹指间就不再相信承诺和固定不变之间有所关联，相反，她是在自己渴望的方向上重新描述内心假设，首先就是相信自己能够弄清楚承诺对于她究竟意味着什么。

重新描述你的内心假设

为了重新描述某个内心假设，**首先要了解真实情况。**（此刻，我负有债务）**然后沿着更加积极的方向进行拓展。**（此刻，我负有债务，我决心要改变那种状况）重要的是要将真实情况和更积极的拓展相结合。试着对你已经质疑的内心假设重新描述，在质疑的过程中可能就已经出现了一些能够被采用的重新描述。在 http:// www.yourcourageouslife.com/courage-habit 网站提供了相应的表格，你可以写下自己的重新描述。

下面的例子提供了另外一种方法来思考可能的重新描述，以及如何一步步地完成这个过程。下面这些是针对例子中“我没有能力做这件事”这个内心假设所进行的重新描述，每一条重新描述你都要仔细阅读，每一条新的语句都是对内心假设沿着更积极的方向一点点进行拓展的范例。

我没有能力做这件事。

↓

我愿意看看自己可以有哪些选择。

↓

如果我在这件事上面投入时间，

我想我可以有能力做这件事。

↓

我要针对一种选择采取行动。

↓

我愿意把采取的行动坚持下去。

↓

我要把采取的行动坚持下去。

当我对我的内心假设“我不是一名‘真正的’运动员”进行质疑和重新描述时，我一开始先改为“我可以试试，看看会发生什么事情”；接着内心假设变为“虽然我在游泳、骑自行车或跑步等方面都不够快，不过我能够坚持训练”；然后内心假设又变为“我可以完成一次短距离的铁人三项运动”。每一条内心假设都是在上一条基础上向着更加积极的方向拓展而得到。

在完成我的第一次“短程”铁人三项运动后，不到一年时间我就完成了一次半程铁人赛：1.2 英里[一]的游泳，紧接着是56 英里[二]的自行车骑行，最后是13.1 英里[三]的长跑。整个过程用了8个多小时完成，但从“我不能”到“我能”的转变则是一段更长的历程。我不可能从“我不是一名运动员”直接跳到“我完成了一次半程铁人赛”。在这个过程中，注意到每一个束缚自己的内心假设，并在它出现时有意识地重新描述，这正是关键所在。

现在你已经了解了几个例子，可以试着对自己的一些内心假设进行重新描述了。每次选取一个句子重新描述。保持语句的真实性，并沿着更加积极的方向进行拓展。

[一] 约等于1.93公里。——译者注
[二] 约等于90.12公里。——译者注
[三] 约等于21.08公里。——译者注

从“发现你的内心假设”练习中选取三个不同的假设写到下面：

1. ____

2. ____

3. ____

现在一次只对一个内心假设重新描述。沿着更加积极的方向不断地重复对内心假设的拓展，直到你到达了某一点——你知道如果再继续拓展下去，就不再像是重新描述，而更像是“虚假”描述。

内心假设 #1：______________________________

如果我沿着更加积极的方向只拓展一小步，这个内心假设会变为：

____

现在试着沿着积极的方向，对上面的句子再一次只拓展一小步：

____

试着对上面的句子再一次只拓展一小步：

____

每次只拓展一小步，不断重复这个过程，直到你获得了能够真正接受的重新描述的内心假设。对于其他你所写下的内心假设，或者任何时候当你觉察到让自己陷入困境的束缚自己的内心假设时，重复这些步骤。

当你对自己的内心假设重新描述后会发生什么事情呢？你是如何把这些重新描述后的内心假设应用到自己的行为中，从而使你的日常生活发生变化呢？一旦你对内心假设重新描述，你就会开始提醒自己要选择相信不同的内心假设。你需要决定究竟想要选择哪个内心假设。当内心假设出现的时候，你就更需要关注和觉察当下束缚自己的内心假设，以及你所想要的重新描述。你需要不断地去关注自己的内心假设，而当你每次沿着最勇敢自我的方向拓展一小步，你就会发现对自己内心假设的改变会逐步进行着——每次改变一点点。

成果

是否接受这份工作，对卡洛琳而言是一个重要决定。通过集中的几次交谈，我们发现了她的内心假设，并且完成了重塑勇气的各个步骤。当她的恐惧行为模式想要开始控制她的行为，鼓励她逃避自己的债务问题，让她继续做自己一直做的事情只因为那件事她比较熟悉时，通过觉察身体她会注意到这种时刻。她会发现她的批评者告诉她不坚守承诺没什么大不了的，而之后又会批评她不坚守承诺。更重要的是，她会关注束缚自己的内心假设，注意到正是自己关于承诺的假设使她更容易为放弃找借口。

卡洛琳最后决定接受这份工作。在她刚去西雅图的头几个月里我们进行过几次交谈。她的生活非常忙碌，在自己创造的新生活中她感到非常踏实，所以我们就不再继续进行电话交谈，久而久之就失去了联系。几年后，有一次我去上瑜伽课，竟然在那里碰见了卡洛琳，她刚巧来到我所在的城镇。我们激动地拥抱在一起，课后我们决定共进晚餐叙叙旧。

“你近来一切都好吗？”我问道，我努力掩饰自己强烈的好奇心，因为我不想让自己看起来好像在刺探别人的隐私。卡洛琳不需要太多鼓励，就很高兴地告诉我她在重塑勇气方面的进展。在这个过程中她曾经有过几次思想波动，想要改变方向，但她还是坚持了下来，并最终还清了所有的债务。她现在利用攒下的带薪休假时间来满足自己对旅游的热爱。她承认有时候感觉不能完全按照自己想要的那种自由来生活，但她并未被那种情绪所困扰。相反，她会对让她“陷入”那种情绪的内心假设进行质疑，并通过一些其他的方式来打破日复一日的生活模式，比如主动休一天“病假”，待在家里做自己想要做的事情。

“我发现只要我有一点点违反承诺，想要完全放弃承诺的那部分自我就会如愿以偿。”她坦白道。她还遇见了一个叫格雷戈里的男人，他们已经约会一年多时间了。

在我面前的这个女人现在的生活方式是一种和之前完全不同的自由方式。当我第一次见到卡洛琳时，她所谓的“自由”只是表面上看起来很勇敢，但其实是一种基于恐惧的生活方式，逃避面对自己的债务或回避决定自己想要的生活。而现在的卡洛琳已经完全不同了，她能够面对自己的恐惧，有能力做出决定从而实现自由，其中包括自己来决定想要相信哪些内心假设。她以前基于恐惧的内心假设是，“对一份工作的承诺意味着自己会被困在工作中”，现在她对这种内心假设进行了拓展，“这份工作会给我提供更多自由，即使我需要承担相应的责任”。

愿意发现束缚自己的内心假设，进行质疑并重新描述，这是改变的关键。正是从这里开始你会发现自己有能力创造一直渴望的生活，从而就有可能改变以前的基于恐惧的行为习惯和思维方式。

前　瞻

现在你可能已经发现，重塑勇气的每一个步骤对其他部分都具有巩固加强的作用。停下来慢慢地觉察身体是第一步，这样就能关注自己当下所感受到的恐惧情绪，并注意不要本能地进入某种恐惧反应模式中。接着，你不受影响地倾听批评者所说的话，这会让你知道是哪一种恐惧造成的影响。之后，发现并且有意识地重新描述那些内心假设给你提供了另一个有效的方法。

重塑勇气的过程只剩下最后一步了。研究表明这一步对于巩固新形成的习惯是最有效的方法之一。这一步会帮助你在自己之外的一个更大的范围里实践所学到的这些方法。这一步也是最有趣的部分之一：主动交流和创建关系圈。

The Courage Habit

第六章
主动交流和创建关系圈

为了我勇敢的梦想，当我第一次开设在线课程教人们如何在生活中更多地表现出勇气时，事情并不如我期望的那样顺利。开局很好——来自美国和其他国家的 60 个人报名参加课程！当人们在我们自己的课程论坛里进行第一次自我介绍时，我发现自己晚上上床后难以入睡，因为我对将要发生的一切感到兴奋——我在运营一门课程，我在发展我的事业，同时我在做着我喜欢而且信赖的工作。

课程开始后大约 1 个星期的时候，论坛的参与者开始逐渐减少，这让我的热情（和自尊心）受到了打击。到第 2 个星期结束时，只有大约一半的人在我们的课程论坛里发表他们对课程的看法。相反，很多人却给我发邮件一对一地讨论课程，虽然这样也可以，但是这不是我想要的那种重视团队合作、气氛热烈的小组讨论模式。

之后，一件事情的发生则让我彻底一蹶不振。课程开始 3 个星期的时候 1 个人给我发邮件要求退款。我的第一反应就是一定是因为我的课程开展得不够好，因为我没有能够创造更多的小组交流机会。（注意 “我不够” 这个内心假设）当我对正在做的、本来应该做的或者本来可以做的每一件事情都感到困扰时，我的恐惧感和不安全感越发强烈。8 个星期后当课程结束的时候，由于对课程参与度的缺乏而产生的不安全感过于强烈，结果我反而因为课程的结束而感到解脱。

我本来应该是那个表现出巨大勇气的人，但是坦白地说，我觉得自己是个失败者。参加我的这门课程学习的人似乎并没有互相进行交流。我甚至害怕再开设一门课程。于是我暂时把工作放下，只靠积蓄维持生活，很快就产生了信用卡债务。在电影中，冒险总是会有回报的，那么为什么这件事没有像我计划得那样进展顺利呢？

几个星期后，我的一位叫麦凯布的朋友来到旧金山，她多年来一直在运营各种课程和讲习班。我们一整天都在旧金山游逛、拍照。后来我们停下来在唐人街喝茶，她问我近来情况如何，我深吸了一口气。

“我一直想要保持积极的心态，但是我觉得自己像个傻瓜似的竟然以为自己可以经营一项事业。” 我对她说。尽管那样说感觉不太好，但是我的一部分自我却感到解脱。最后，我告诉她实情——我开设的课程缺乏参与度，以及我的恐惧。

“等一下，凯特，”麦凯布说，“再给我讲一下这件事，上完这门课程需要多长时间？有多少人报名？实际上课的有多少人？

我说：“上完这门课程需要 8 个星期，刚开始有 60 人报名。后来 1 个人要求退款，大约 1/3 的人从未参与过论坛讨论。还有些人刚开始参与得较多，后来就几乎听不到他们的任何反馈了。其他人大多数是通过电子邮件跟我讨论他们在课程中的进步，而不是通过小组进行交流。我不知道自己什么地方做错了。我不断地鼓励人们去分享，但是……”

“稍等。”麦凯布说，她眉头紧锁在心里计算着。我在等待的时候，想到最开始自己因为兴奋而睡不着觉，后来却变成因为进行得不顺利而失眠，那种尴尬的感觉似乎又回来了。我的批评者大声地说：“我根本就不懂如何经营一项事业，没有任何管理经验，开设这门课程仅仅是一时兴起。我想要追随梦想和表现出勇气，但瞧瞧它让我落到了一个什么境地。”

“因此，大体上，你的退款率是 2%？”麦凯布说，她通过快速计算已经得到了结果，所以打断了我的沉思，“而且，你说 1/3 的人没有参与讨论，那么 2/3 的人参与到了课程的讨论中，因此至少 66% 的人参与了，对吧？”

“嗯，”我说，她的话让我有些意外，“是的——但是大多数人并没有真正地以小组讨论的方式学习。”

“凯特，” 麦凯布抓住我的胳膊好让我可以看着她的眼睛，“关于这一点我并不是想要轻视你的感受，但是你知道那些结果有多好吗？在某种程度上，大多数人都参与到了课程的学习中。你应该知道，不是所有的人都会以一种公开的、外向的方式进行学习。也许关于这个问题唯一需要做的就是了解如何帮助这个团队更有凝聚力，也许你的团队中有很多人是内向性格。你已经做得非常好了。在所有报名的人中只有 1 人要求退款。我真的希望你知道这是一种成功，尤其你还是第一次做这种事。”

我思考了一会儿，方才明白，实际上在整个过程中正是我的完美主义者恐惧反应模式在控制我的行为，正是它告诉我“本来应该更成功”这个内心假设，并且我一直深信不疑，然而我却一直没有意识到这点。麦凯布有多年的协调和组织经验，如果有人知道如何让课程获得成功，那一定是她。

“但是人们并没有真正地互相交流。”我说道，努力想使新获得的信息和自己真实体验到的失败感相一致，“你如何让你的团队去那样做呢？”

“首先告诉我你对下面这个问题的看法。” 麦凯布说，“我相信你所教授的勇气课程无论对于个人，还是对于互相交流的团队而言，都是一样重要的。既然如此，为什么作为老师的你会那么看重通过小组交流来参与呢？他们通过小组交流会学到什么呢？”

我想了一会儿，想要描述清楚我内心的真实看法，经过斟酌后我说道：“和其他想要重塑勇气的人进行交流之所以重要，就跟我们现在的交谈一样，有着相同的原因。因为当你遇到困难、感到孤独时，你需要知道有其他人能够‘懂你’。当你获得巨大成功时，如果有人完全知道你花费了多少努力才有现在的成功，那么和这样的人一起庆祝，相比于你自己一个人庆祝或者跟那些并不真正了解你所做的事情的人一起庆祝，会让你感觉更好。”

“根据你告诉我的情况，”麦凯布说，“在这个团队中人们之所以没有互相提供帮助，是因为当他们给你发邮件时，你个人为他们提供了帮助。你是当他们遇到困难时想要求助的人，或者是当他们想要庆祝时愿意分享快乐的人。因此下一次你组织课程的学习时，你可能需要再多做些努力让人们能彼此交流。但是，凯特，作为老师你已经做得非常棒了。对于那些想要做这份工作的人，你已经做出了表率，即使事情并没有完全按照你计划的那样进行。”

老师也需要吸取自己的经验教训！那一天我意识到，就像一些参与课程的人不愿意与团队成员交流一样，我也不愿意主动交流。我的恐惧反应模式在我没有意识到的情况下一直在影响着我，即使我为了保持自我觉察能力而独立完成了所有的事情，但我仍然受困于某个恐惧反应模式中。

为了能够真正的勇敢生活，我们需要周围有一些志同道合的人——他们同样想要注重勇气。我们为什么需要这样的关系圈呢？首先，在我们的生活中创建勇气关系圈会给我们提供面对困难时所需要的支持。有时候我们无法看清自己面对的问题，我们需要那些做着相似事情的人帮助我们发现真相，就好像麦凯布帮助我一样。最重要的是，你需要知道谁是你的个人“勇气关系圈”中的成员。当要庆祝的时候，和那些跟你一起经历过各种起伏、一起度过困难日子、一起收获成功的人一起庆祝，你将会更加快乐。与那些真正“懂你”的人交谈也更能满足你的需求。简单来说，**主动交流和创建关系圈是拥有更美好生活的一部分。**

研究也表明了习惯的形成需要社会支持。《习惯的力量》（2014）的作者查尔斯·都希格（Charles Duhigg）写道：**“大多数彻底改变了自己生活的人，并没有遇到意义重大的事件或致命的灾难，而仅仅是因为加入了团体，这个团体让他们相信改变是可能的，有时这个团体即使只有两个人，也会有同样的效果。”**他提到了 1994 年哈佛大学的一项研究，参与研究的人发现加入一个社会团体会使改变更加容易，“有位女性说当她报名参加了一个心理课程，并加入了一个非常优秀的学习小组后，她的整个生活都发生了变化。‘就好像打开了潘多拉盒子，’她告诉研究人员，‘我无法再忍受现状。我的核心价值观发生了改变。’”

重塑勇气就是你不能再忍受那种自我怀疑或是犹豫不决的生活现状了。你的核心价值观发生了改变，你确定了自己的主要关注点和最勇敢自我，然后你开始改变旧的习惯回路，想要开启一条全新的人生之路。确定你的最勇敢自我，然后觉察身体，不受影响地倾听，从而你可以重新描述束缚自己的内心假设，迄今为止你所做的每一件事都为你的这一刻做好了准备。

创建为你的改变提供支持的勇气关系圈，不仅可以让你相信改变是可以实现的，还可以让改变真正成为可能。为了创建勇气关系圈，我们首先要了解“基于勇气”所建立的关系有哪些基本特征，然后我们再来看看在你的生活中如何利用重塑勇气的前三个步骤来建立更多的关系。另外，我们还要解决如何摆脱生活中那些不支持自己改变的人所带来的负面影响。

创建基于勇气的关系

当我把 “主动交流和创建关系圈” 作为重塑勇气的第四步来进行讨论时，我指的是发现或创建支持你的大胆梦想和对改变渴望的具有意向性的关系。这意味着积极拓展现有的关系，也要寻求能够反映出我们生活现状的新的关系。亲密关系学专家、《没有不需要培养的亲密关系！》（*Friendships Don't Just Happen*!，2013）的作者莎思塔·尼尔森（Shasta Nelson）在书中指出：**“事实是现在我们都需要不断地扩大我们的朋友圈，从而有利于更好地认识当下的自我。”**

构成勇气关系圈中的人也许并不住在你附近，甚至互不相识。如果他们都在一个大的团体中，那么就不能被视为你的“关系圈”。确切地说，你的个人关系圈是由你基于勇气创建的关系网构成的，在这个关系网里人们积极地重塑勇气，通过主动交流和互相帮助来应对恐惧。

在基于勇气的关系中，你们相互交流并不仅仅是因为方便，你们是在重塑勇气的过程中相互支持。如果你考虑一下那些在某一天和你进行交流的人，可能你会发现现有的一些关系正是基于勇气建立起来的，而其他关系则更适合用“身边关系”来形容。这些身边关系包括跟你关系并不密切但在节假日会碰面的家族成员，或者因为同时离开办公室而一起喝酒的同事，或者主要因为孩子们玩得来而被你邀请的妈妈们。每个人都会有身边关系，这些关系并非没有好处，但是他们通常并不是你能真正获得帮助的关系。健身房的女人们可能跟你聊得很投机，但是你未必就能够和她们分享你人生的起起伏伏、艰难岁月和成功的喜悦。

要进行重塑勇气过程中的“主动交流和创建关系圈”这一步，你首先需要知道，你可以主动与谁交流；在你的生活中可以在哪里创建基于勇气的关系，从而来构成你的勇气关系圈；谁会支持你；哪些关系是基于勇气创建的；谁也会为了追求自己的梦想而敢于在人生这场竞技中承担风险和表现出最勇敢自我。

谁会支持你？

在你开始下面的练习前，先花点时间深呼吸和觉察身体。想一想那些和你经常交流的人——和你一起住的人，和你一起工作的人，你偶然在杂货店、志愿者组织、教堂、健身课遇到的人，家族成员，网络社区成员等。然后如实地问自己这个问题：在这些人中，谁也和你一样在努力地表现出最勇敢自我？你要相信自己的直觉。如果你感觉（或看到）一些人在他们的生活中追求更大的目标，写下他们的名字——也许他们的目标并不宏大也不大胆，但是你能感觉到他们有自己的目标，并且在乎和喜欢自己选择的生活方式——写下你能想到的所有名字。

然后，对于这份名单，我们再进一步探究，看看谁是你需要关注的对象——那些通过他们的行为方式表现出注重勇气的人。

问问自己，名单中的每个人是否都会有下面某种可以促进彼此关系和互相帮助的“主动交流”行为。下面的例子描述了当人们在生活中主动交流时会是怎样的表现。当他们主动交流时，你会看到他们表现出：

- **脆弱面而不是维护自己的形象：**他们会承认遇到了困难，而不是假装一切顺利。
- **乐观而不是抱怨：**尽管他们也是人，可能有时也需要发泄和抱怨，但通常，他们会希望找到问题的解决方案，而不会总是在罗列所有的问题。
- **共情而非建议：**当你谈到让自己难过的事情，他们会表达出对你感受的理解，而不是列出一些让你改进的建议。
- **同情而非批评：**他们不会对你或其他人说长道短、加以评判或搬弄是非。
- **温和而非严厉的爱：**他们会为了你的利益提出质疑，但是他们会采取温和的方式，让你可以听得进去，而不是严厉地告诉你去解决问题。例如，当麦凯布指出我的内心假设是如何使我陷入困境时，她是用一种温和的方式和我沟通，而不是让我感觉自己像个傻瓜，因为自己没有早点觉察到所发生的事情。

当你完成这个练习时，你会看到自己所列出的名单上的人无论在性格上，还是在感兴趣的话题或活动上，可能有很大差别。但是，他们有一个共同点：他们都在进行“主动交流”。这种行为对任何群体或关系圈都是非常重要的。我们中的大多数人会感激那些行为，但只是想当然地接受，而没有去思考：“哦，我明白了。这些人跟我是一类人，有了他们的帮助我就可以在生活中实现重大的改变。”你现在可能跟那些人关系并不密切，没关系。在这一章中，你会了解到可以帮助你和这些人建立更密切关系的方法。你也可以在网站 http://www.yourcourageouslife.com/courage-habit 获得这个练习的资料。

第一次做这个练习时，关于表现出勇气的人，我所列出的名单非常短。这个练习让我有种受挫感，当时我持有的内心假设是，“因为对于那些优秀的人来说，我不够优秀，他们不愿意和我建立关系，所以我不能够吸引优秀的人。”觉察到这个内心假设后，我不断地进行重新描述直至找到自己认可的假设。那就是，我可能需要一些时间来加强现有的关系，或者结识与我价值观相同的新朋友。

为了加强现有的关系或者结识更多表现出勇气的人，我需要审视自己，确保自己在行动上也表现出“主动交流”。如果我想要基于勇气建立能够互相支持的关系，我就需要首先表现出与我所寻找的“主动交流”相同的行为。我“主动交流”的对象将会构成我个人的勇气关系圈，刚开始这个关系圈可能并不是很大。如果你也是这种情况，要相信这份名单会越来越长，而不是会让你陷入失望中。

不管你是认为可以和很多人进行主动交流，还是没有人能够让你去主动交流，好消息是，**你目前一直在进行的重塑勇气的各个步骤已经为你铺平了道路，使你可以加强现有的关系或创建新的关系。**刚开始的步骤是相似的，践行重塑勇气的前三个步骤——觉察身体，不受影响地倾听，重新描述束缚自己的内心假设，只是这一次当你进行到“主动交流”这一步时，把重塑勇气的前三个步骤再次增加进来。

例如，如果你想要结识新的朋友，扩大你的关系圈，但你的性格有些偏内向，你可能会感到紧张或者不确定该在哪里建立新的关系。那就试着觉察身体，注意恐惧情绪会通过身体哪个部位表现出来，进行身体扫描来了解你的身体会针对你的紧张情绪说什么话；不受影响地倾听批评者，它也许会说事情不会顺利进行，或者你缺乏社交能力；然后，重新描述束缚你的内心假设。如果你的内心假设是“我就是一个不善于社交的人”，你可以试着描述为“即使更多地进行社交会让我感到尴尬，我也愿意体验这种尴尬”。当你想要更多地进行社交时，如果你的批评者指责你与别人的交往方式，那么你只需要默默地让批评者“请换种方式”，然后对认为自己做得很差的内心假设进行重新描述。当你对某个新认识的人有了更多的了解后，可以进行“主动交流”，例如表现出同情而非指责，或者表达共情而非建议。

假设你性格比较外向，已经建立了很多关系，但他们都无法让你觉得可以深交。也许你和某一位家庭成员经常发生冲突，你想要改变那种情况。当你和这个人进行交流时，要敞开心扉，更侧重于分享自己的内心感受和脆弱面，而不是总是聊一些轻松、肤浅的话题。如果你发现这个人在回应时，也会同样分享一些自己的脆弱面和勇气，那么恭喜你！如果他在回应时，并没有同样地敞开心扉，你也没有发现这个人表现出其他“主动交流”的行为，那么就要留意是否会出现束缚自己的内心假设。这种内心假设可能是“这种状况永远都不会得到改变”，或者“我在他面前表现得这么脆弱，我感觉自己太蠢了”。重新描述那些内心假设，并努力发现其他愿意“主动交流”的人。

重塑勇气的所有步骤不仅能帮助你在内部变得更加勇敢，还能帮助你在外部创建更多真正的基于勇气的关系。

建立关系

当我写这章内容的时候，我清楚地意识到读者可能会有不同的反应。你们中的有些人可能会觉得自己的生活中已经拥有了很多的支持，因此对于这些如何获得更多支持的问题好像几乎没有必要去探究了。如果你是那种情况，我很高兴看到你拥有良好的关系，这些关系是你人生中的宝贵资源。

有些人可能会觉得自己几乎没有那些良好的、稳固的和具有支持性的关系。也许当你读到我在前面例子中提到的“身边关系”时，你会点头赞成。也许你感觉自己性格更偏于内向，也许你所住的地方没有很多志趣相投的人，或者因为本来住在那里的人就很少，可选择性也就很小，或者因为人们在兴趣或价值观上似乎有很大差异。

不管你属于哪种情况，你都可以去建立更多的关系。让我们花点时间回顾你的主要关注点和你对最勇敢自我的渴望。你内心的每一个渴望都是你建立关系或者创建更大的关系圈的机会。对于你们中的一些人来说，要实现你的主要关注点就需要与其他人建立更多的关系。例如，如果你内心深处的梦想是创业，就有必要和那些了解经营和市场的人建立关系，更不用说你要能够和客户建立关系。

暂停一会儿再看看你的主要关注点。更多地和那些真诚、友好并且想要塑造勇敢习惯和勇敢生活的人建立关系，他们会对你有怎样的帮助呢？也许你可以在每一条主要关注点旁边写下你想要的关系类型。詹妮尔，在前面的章节中介绍过的忙碌的母亲，当她回答这些问题时，她意识到如果想要缓解自己作为母亲对个人的期望所带来的压力，就需要把她的丈夫加入自己的关系圈。当泰勒回答这些问题时，她写下了自己一直欣赏并想要结交的摄影师同行的名字，之前她总是不好意思主动与他们交流。

为了践行重塑勇气中的“主动交流和创建关系圈”，你需要积极地进行“主动交流”，不仅仅在纸上练习，还要在实际生活中进行实践。为了了解这一步骤是如何进行的，你需要选择一个“交流对象”，并记住这个人不仅是你书面练习中的交流对象，也是实际生活中的交流对象。泰勒选择了一位摄影师作为她在这些练习中的交流对象，卡洛琳则最后选择了已经在她生活中缺席很久的父亲作为交流对象。

花点时间在心里把谁将成为你的交流对象真正确定下来。日常生活中你想和谁再多一些接触？或者你想更多地了解谁？

关于对这种交流的排斥在这里简单解释一下：当人们感到内心非常脆弱时就会非常排斥这种交流，因为感到脆弱，就容易在关系方面出现问题。如果你有种冲动想要跳过本章内容，或者因为突然觉得这些练习“太让人尴尬”就找理由不去完成练习，这时候你要意识到这是你的恐惧反应模式对你施加的影响。主动交流这种方法可以把重塑勇气的各个步骤真正地结合到一起。觉得这种方法奇怪、尴尬，感到焦虑或恐惧，都只是这个过程的一部分，因此你需要关注暗示一惯常行为一奖赏这个回路，并留意自己是否在这一章开始陷入某种恐惧反应模式中。你可能需要回顾自己重塑勇气的目标以及对最勇敢自我的渴望，从而提醒自己为什么坚持到底非常重要。

建立关系与觉察身体

把重塑勇气的各个步骤应用到建立关系上，首先是觉察身体，这种方法可以用来搜集信息，让你能够觉察到自己的真实感受，或者你的批评者关于你的交流对象所说的话。采取一种让自己没有压力的方式来觉察身体，首先是要在想到交流对象时觉察自己——你和这个人在一起时的感受，你对他的了解——同时要深呼吸并关注自己身体上的变化。

刚开始不要带着改变自己行为的目的去觉察身体，你只是在关注自己身体的变化。当你想到这个交流对象时你是怎样呼吸的？你的呼吸有变化吗？你的身体有何反应？当你想象着跟这个人谈论你的目标和梦想时，你的肩部或颈部是什么状态？当你想象着听这个人谈论他的目标和梦想时，你的身体有什么变化？当你跟这个人目光接触时，你是觉得自在还是感到紧张？

注意自己是否感到好奇、兴奋、温暖、被完全理解、踏实、放松、沉重、疲倦或焦虑。你只需要觉察这些情绪，把出现的情绪写到一张纸上，看看这些情绪意味着什么。

建立关系和不受影响地倾听

在之前的章节中，你已经练习了重塑勇气中不受影响地倾听这个步骤。在这个过程中，你并不是试图让你的批评者走开，而是有意地去关注它所说的话，这样你就能应对它的恐惧、不安全感和伤口。通过不受影响地倾听它所说的话，以及不把它的话视为“事实”，你就可以抚平批评者的伤口，不再陷入它的内心假设中。

在心里对你的交流对象做同样的事情。要注意你的批评者是否会谈论这个人，或者谈论他是否值得你去更多了解。如果建立更密切的关系让你感到恐惧，或者如果你的批评者对你加以指责，让那些恐惧和批评都表露出来。写下来，然后利用你在第三部分练习中所写下的那些语句，重新描述束缚自己的内心假设。

关于建立关系的内心假设

在觉察身体和不受影响地倾听之后，就要关注那些阻止你采取实际行动进行主动交流的内心假设。你已经不受影响地倾听了你的批评者所说的话，那么真正的内心假设是什么呢？哪些批评的话阻止你和这个人或者其他人建立更密切的关系？哪些不足是你的批评者认为你天生就存在，并会让你感到自己很傻或很孤独的？

下面是我从客户那里听到的一些常见的内心假设，这些内心假设阻止他们去主动交流，阻止他们真实地表达自己的困难或者值得庆祝的事情。

- 我不想用我的问题来烦扰其他人。
- 如果我对某件事特别兴奋，我会觉得自己很怪异，会感到难为情。因此我在和其他人分享好消息之前，我通常会让自己“平静下来”。

- 他们将会可怜我。我讨厌别人可怜我。
- 如果让他们看到我的生活一团糟，我会觉得自己很愚蠢。
- 当我难过、焦虑、想要寻求帮助时，他们会以为这就是真正的我，认为我会一直这样的。
- 如果告诉他们我真正的自我和真正的感受，我不知道他们是否会接纳我。
- 他们将会看到在很多方面我都搞砸了。
- 当我敞开心扉，更多地展现自己时，得到的却只是沉默，那太尴尬了。我觉得自己坦诚交流的对象并没有理解我所说的话。我确信他们不会明白的。

记住，那些内心假设是会非常令人深信不疑的。他们代表着我们对“事情本来就该这样”的假设和看法。当我担心我的第一次在线课程进行得不顺利时，为什么我过了那么长时间才主动与人交流，倾诉我的恐惧情绪？事后我才意识到正是因为上面所列出的这些原因让我没有主动交流。我不希望别人认为我被一堆问题压得不堪重负了，或者仅仅因为我在这一个方面表现得有些沮丧，别人就认为我一直都很沮丧。我担心当自己坦诚地告诉对方我的恐惧，却听不到任何回应，或者对方告诉我其实我本来应该做得更好。我执着于维持自己的完美形象——典型的完美主义恐惧反应模式。

我的内心假设认为，我应该维持自己的完美形象，这种假设让我感觉非常真实可信。坦白说，直到我的朋友为我指出这个问题，我才意识到自己再次陷入了这种模式。同样地，讨好者的恐惧反应模式可能持有的内心假设是，如果谈论他自己的困难会显得他很自私，而这种假设也会让他感觉非常真实可信。陷入悲观者恐惧反应模式的人可能会认为主动交流是没有意义的。那些陷入自我破坏者恐惧反应模式的人则非常有可能主动交流，但是如果他们选择的交流对象不能提供支持，他们就会破坏交流；或者他们虽然主动交流，但他们隐晦地或公开地想要别人给他们解决问题，这样也会破坏交流。

再仔细想想你在本书前面的练习中所发现的自己的恐惧反应模式。这些模式会如何影响你在主动交流时的主动程度？正如你在前面的章节里所做的那样，现在应该去发现束缚自己的内心假设，然后重新描述。下面就是一些对内心假设重新描述的例子：

- 我不想用我的问题来烦扰其他人。

  → 我生活中的问题并不会给别人造成烦扰，我应该得到支持。

- 如果我对某件事特别兴奋，我会觉得自己很怪异，会感到难为情。因此我在和其他人分享好消息之前，我通常会让自己“平静下来”。

→ 有时候，因为兴奋是非常真实和可信的，所以它会让人感到脆弱。我可以向他人展现自己的所有方面。

- 他们将会可怜我。我讨厌别人可怜我。

→ 我不知道别人是否会可怜我，那是他们的事。如果我感觉到对方在可怜我，那么我可以选择其他人来帮助我。

- 如果让他们看到我的生活一团糟，我会觉得自己很愚蠢。

→ 我并不愚蠢，我只是感到脆弱。每个人的生活其实都是一团糟。

- 当我难过、焦虑、想要寻求帮助时，他们会以为这就是真正的我，认为我会一直这样的。

→ 我可以让他们知道我并不会一直都是难过时的样子。

- 如果告诉他们我真正的自我和真正的感受，我不知道他们是否会接纳我。

→ 如果在一段关系中对方不接纳我真正的自我，那我可以远离这段关系。我完全可以建立新的关系。

- 他们将会看到在很多方面我都搞砸了。

→ 如果有人看到我在很多方面都把事情搞砸了，这可能会促使我和这个人的关系更密切。

- 当我敞开心扉更多地展现自己时，得到的却只是沉默，那太尴尬了。我觉得自己坦诚交流的对象并没有理解我所说的话。我确信他们不会明白的。

  → 我应该和自己勇气关系圈里的人建立关系，他们会“懂我的”。在我们生活的世界中有数十亿人，总会有某个人，在某个地方，将会“懂我的”。

写下你所发现的束缚自己的内心假设，并开始进行重新描述。记住在重新描述时你不需要大幅度拓展，除非你真的觉得自己需要那样做。你只需要在积极的方向上每次拓展一小步。

践行主动交流

现在你已经知道了如何把重塑勇气的各个步骤应用到与交流对象建立关系上，那么就可以马上进行重塑勇气的第四个步骤：主动交流。你应该从哪里开始呢？

在前面的练习中，你已经确定了一个名单，你觉得名单上的人能够袒露自己的脆弱，能够表现出同情和共情，能够乐观地、友好地与人交流。这些是“支持你”的人，因此当你需要勇敢地生活、追求自己真正渴望的东西时，你可以跟这些人交流。那么现在就开始主动和那些人进行交流吧。不要等他们先迈出第一步给予你共情或同情，你应该想办法以同样的态度和他们进行交流。对于与你交流的朋友，你应该表现出共情、乐观和同情，友好地解决冲突，或者为他们的脆弱提供一个可以放心倾诉的地方。

在刚开始进行这种交流的时候，你可以只是请他们说说自己的近况，并用心倾听。或者，你可以告诉他们自己非常欣赏他们的某个方面。你还可以问下面这个问题，这个问题最初是里奇（Rich）和伊冯·杜特拉·圣约翰（Yvonne Dutra-St. John）告诉我的，他们是屡获殊荣的挑战日（Challenge Day）组织的共同创办人。这个问题就是："如果我要真正地了解你，关于你我需要知道些什么呢？"

如果你已经意识到你要做的并不是巩固现有的关系，而是建立更多新的关系，那么就要下决心跟你所遇见的每一个人尝试基于勇气建立关系，并把这种行为看作是对个人的一种挑战。你可以问收银员近来好吗，并真正地和他进行眼神交流。当同事说自己很沮丧时，你要对他的情绪表示认可。

不与他人建立关系，既是一种内心假设，又是一种选择。你之前已经掌握了应对内心假设的方法，现在则掌握了如何选择建立关系的方法。在我看来，**在生活中创建更多的关系是我们所做过的最勇敢的事情之一。**

难处的关系

我们已经探讨了身边关系和基于勇气的关系，但是如果不探究难处的关系，那么这章内容就是不完整的。当我和客户讨论为什么他们会对于是否要让别人完全看到自己在进行改变感到犹豫不决时，他们通常会说些类似下面例子中的话，“我的丈夫（妈妈 / 公公 / 老板等）将永远不会支持我。他会认为这样很可笑，会说些带有讽刺性的话。每当我想要讨论‘我的远大梦想’时，他就会告诉我我的梦想不会实现的所有原因。他会告诉我其他曾经尝试过的人最终都失败了，我应该面对现实。我试图不要受这个人的影响，但过了一段时间，我就开始觉得他是正确的。如果连我生活中的人都不支持我，我又如何能有动力去实现改变呢？”

我的大多数客户已经发现，当他们表现出最勇敢自我时，他们也成为生活中其他人的榜样。当我们勇敢地采取行动时，其他人必然会开始跟我们进行比较，“为什么我不辞去这份让我非常厌恶的工作，像他一样开创我真正喜欢的事业呢？”“为什么我不像他一样写一本我知道自己有能力完成的书呢？”“为什么我不像他一样为我信任的事业做志愿工作呢？”

可能在生活中看到有的人在行为上表现出勇气，你就会受到鼓舞，从而想要追求自己想要的东西。然而，对于有些人来说，看到你做某件勇敢的事情可能会让他们产生不安全感，因为缺乏安全感所以他们需要一些同情。你要做的就是在心里面记着要给予他们同情，但是要确保不会熄灭自己内心奋进的火苗，或者为了让他们感到安心就放弃自己的梦想。即使对于难处的关系，你也可以通过重塑勇气来应对出现的各种阻碍，让我们先从不受别人的看法影响开始吧。

不受别人的看法影响

当你选择一种更加勇敢、更加真实的生活方式时，对于你所做的改变，你会意外地发现你生活中的人可能有的人支持，有的人反对。有时候你最希望能支持自己的人却很难做到看着你往好的方向改变。因此，当人们在生活中进行勇敢的改变时，他们会试图掩盖或轻描淡写自己的改变，当然这是没有用的。我们在生活中真正渴望的是一种能够真实地面对自我，并能和他人建立关系的方式。当你想要在生活中做出改变，但有可能那些改变会引来别人的指责，你会怎么做呢？只要不在意别人的看法就可以了吗？

在我看来，并不尽然。大多数人虽然声称自己从不在意别人的看法，但实际上他们却是极力在假装自己不在意，而在内心深处，他们仍然在意别人的看法。假装不在意与假装不感到恐惧一样，都会让人疲惫不堪。

我的建议有些不同，就像你不需要摆脱恐惧一样，当有人不太接纳你时，你也不需要摆脱感到受伤害的情绪，毕竟这是人类的正常反应。相反，你应该直面伤害，找到应对的方法，采用能够使自己不太执着于追求别人的赞扬或肯定的思维模式。

但是，我们还需要认清一个现实，表现出真正的自我以及在其他人面前展现这个新的勇敢自我有时候会让你感到尴尬或者在感情上容易受到伤害。如果你的原生家庭总是公开批评对方，你就很难完全地表现出那个真正的、勇敢的、真实的自我。那就是为什么我们要审视自己是否存在我称为“隐藏自我”的行为，这种行为会伤害彼此之间的信任。最重要的是，尽管你无法控制别人对你人生新方向的看法和说法，但是你可以主动选择坚持自己的决定，采取能够促进相互信任的行为，而不是隐藏真实的自我。

隐藏自我

隐藏自我以及不在别人面前完全表现出最勇敢自我，其实我们每个人都曾有过这样的行为，只是表现方式不同。有的人最终会坦诚地表现出真正的自我和说出自己想要的生活方式，但在这个过程中，偶尔会出现“隐藏自我”的行为。也许他们对于分享自己的成功感到难为情，也许会担心不能被别人完全接纳，或者他们并不是非常坚定地追求自己的梦想——他们首先面对的是来自于自己的阻碍和抵触。另一方面，当其他人问你最近做什么时，“隐藏自我”行为可能会表现出优越感，以及对自己的努力不屑一顾——人前人后是两种不同的生活方式——当你内心挣扎的时候，完全没有可能去主动交流。

就像我们每天所经历的许多其他方面的事情一样，“隐藏自我”的行为也往往会本能地表现出来，于是我们无法总是能意识到自己的这种行为。下面的例子是隐藏自我行为的几种表现：

- 当你感到难过或沮丧时，你不愿意主动交流。在这个时候被别人看到你这种情形会使你感到尴尬或在感情上容易受到伤害。你会给自己的逃避找理由说“我不想麻烦别人”，但实际上，你是在隐藏自我。
- 你注意到自己想要融入你所在的组织，但会对自己的观点保持沉默，并会考虑在别人面前可以展现多少真实的自我。
- 你会主动地、有目的地想要隐藏与不会被其他人认可的那部分自我相关的事情，比如不同寻常的渴望、正在戒除对某种物质的依赖、你的性取向或者有可能走向离婚的婚姻。

- 当和某个人相处一段时间后，你会担心自己所说的话或者所做的事是否正确。
- 你会尽一切可能去避免在一段关系中出现冲突，比如当你因为某事生气时，不会坦诚地告诉对方自己的感受，因为你并不相信如果自己坦诚告之，这段关系还会存在。
- 你要么为了在别人面前保持自控而滴酒不沾（一个极端），要么利用酒精或药品来使自己放松，如果没有它们你就无法真正放松（另一个极端）。在这种情况下，依赖酒精（或滴酒不沾）背后的动机和内心假设正是问题所在。
- 你并不相信如果有人对你生气，他会坦诚地告诉你，然后你们就可以一起解决问题。有人对你生气通常就意味着你们之间的友谊无法维持下去了。
- 因为表现真实的自我会使你感到难为情，所以你在社交媒体上所表现出来的生活与你实际的生活并不相符。在社交媒体上你所描述的生活中，你会比实际生活中的自己看起来更快乐、更满足。
- 当别人主动与你交流、建立关系时，因为你觉得难为情，所以会犹豫不决，不知是否自己也应该这样做。

在上面的例子中，虽然你一个人可以独自完成重塑勇气的过程，但是如果你仍然在交流中隐藏自我，就会产生新的恐惧，例如觉得自己不够优秀，“现在的我无法达到人们的期望。因此，为了让他们认为我足够优秀，我将按照他们认可的方式采取行动。”

暂停一下，觉察身体。重新看一下上面所列出的隐藏自我的表现方式，并问问自己：在这些方式中哪些跟我有关？

我与很多人讨论过这个过程，根据我的经验，某个人在生活中和别人交流时隐藏最勇敢自我的程度，与在某段关系中信任被破坏的程度和频次有直接联系。有的人曾经有过信任被严重破坏的经历，例如被虐待或处于被控制的关系中，那么他就更有可能隐藏最勇敢自我，会更在意别人对自己的看法。

这并不是说任何想要隐藏自我的人都曾经有过信任被严重破坏的经历。我们隐藏真正的自我或轻描淡写我们所做的改变，是为了维持关系的平衡，为了避免被指责、被取笑，或被格外关注（尤其是在我们的工作上或在工作场所中）。我们之所以隐藏自我，是因为曾经的某个生活经历告诉我们别人的回应可能会给我们带来痛苦，当你完全表现出真实的自我可能会付出代价。你可能知道和那些搬弄是非的同事在一起，虽然自己在身体上安全的，但是当他们散布关于你的办公室流言或在会议中给你暗中使绊时，你会觉得自己在情感上是不安全的。当你从丈母娘旁边走过时，可能并不担心她会用皮包打你，但是如果任何时候她想拿你做笑柄时你都会清楚地觉察到，那么在她身边你就会觉得自己在情感上是不安全的。

在我们和自己以及与他人的关系中，我们可以采取促进信任的行为，或者采取导致不信任的行为。这些导致不信任的行为会引起一系列连锁反应，如下面所示：

1. 当我们很难信任自己或他人时，我们就很难有安全感，于是我们就隐藏自我。
2. 因为隐藏自我，我们就越来越难以信任自己或让别人信任我们。
3. 因为我们越来越难以信任自己或让别人信任我们，我们就可能会更加隐藏自我。

这种连锁反应还会继续升级。例如，你的老板不信任你，因此他会对你管得过细，这就会导致你产生不满，从而不相信他有能力成为一名好老板。每个人都指望对方先做出改变，先变得更加值得信任，结果双方都站在彼此的对立面保持不变。因为每个人都在等待对方先迈出第一步，所以就会越来越难以信任对方。如果你也曾是这种连锁反应的一环，你就会知道有时候因为两个人之间的信任遭到极大的破坏，即使你先抛出橄榄枝主动和解，对方仍会认为你是在欺骗他。

因此，我们应该如何阻止这种连锁反应呢？我们无法控制其他人或他们的反应，但是我们可以通过审视那些我们所相信的让我们隐藏自我的内心假设，来改变这种互动方式。接着我们对那些内心假设重新描述，并用主动交流来代替隐藏自我。再一次强调，**你不能控制其他人或他们的反应，这意味着他们对于你做出的改变是否满意是你不能控制的。你能控制的是不要为了使别人更加满意而改变自己。**

想一想在你的生活中，和某些人在一起你是如何掩饰、转变、改变或调整自己的行为的。和批评你的人在一起你是如何改变自己的？和不支持你的人在一起呢？和非常消极的人在一起呢？那些人会让我们改变自己的行为，让我们退缩，让我们根据别人的看法来做决定，这些构成了阻碍我们的最后一面墙。当我们想要实现从陷入某种恐惧反应模式到在生活中表现出最勇敢自我的转变时，我们需要拆除这面墙。我们的恐惧反应模式和内在的批评者会让我们产生类似下面的内心假设，“别人的批评实在太难以接受，如果我们表现出真实的自我，我们所爱的人就会离开我们，或者我们的婚姻无法经受住这种艰难而有必要的交流。”

"隐藏自我"的内心假设

花些时间思考下面这些提示性的问题，发现可能会使你表现出"隐藏自我"行为的内心假设。我称之为"隐藏自我"的内心假设。把问题和答案写到一张纸上，或者如果你愿意，还可以从 http://www.yourcourageouslife.com/courage-habit 网站下载相应的表格。

1. 问问自己下面这个问题，要问三次。每一次你问的时候，都要暂停一下，深呼吸。当三次都问完后，把答案写下来。不要去检查答案，即使你写的内容刚开始看起来似乎并没有什么意义。任何时候如果你感到很难给出答案时，停下来闭上你的眼睛，暂停一会儿，然后再次问自己这个问题。这个问题是：在生活中的哪个方面我会"隐藏自我"？
2. 完成下面的句子：和__________在一起我不能表现出真正的自我，因为……
3. 完成下面的句子：如果__________发生，我不知道自己是否能够应对，因为……

4. 完成下面的句子：如果人们知道我________，他们将不会喜欢我，因为……

5. 完成下面的句子：我不想让任何人知道我的________（金钱问题、改变职业的强烈愿望、性渴望、所犯的一个严重错误、一个有争议的选择……）

6. 完成下面的句子：当________时，我最有可能假装成与真正的自我不同的人，因为……

在写下这些问题的答案后，通过把它们提炼为具体、清晰的句子，来发现导致这些想法的内心假设。例如，在第2个问题中，对于你为什么不能表现出真正的自我这个问题，如果你写了很多不同的原因，要尽可能把句子简化为下面这种形式，"我的内心假设是当事情变得困难时我就不能做我自己。"或者，在第5个问题中，你写下的答案可能类似于这种形式"我不想让任何人知道我们背负了多少债务。"你可以把句子改写为"我的内心假设是如果我的家庭背负了很多债务，我就不能做我自己。"你需要用更具有掌控感的"我"这种表达形式来改写句子，因为致力于解决关于别人对你看法的内心假设，会比试图改变其他人的看法，对你更有帮助。

当你用上面例子中的“我不能做我自己……”这种结构改写这些句子后，实际上在你面前所列出的就是那些使你想要隐藏自我而不是主动交流的内心假设。觉察你的身体，重新浏览所列出的这些内心假设会让你有什么样的感受？哪些内心假设好像从纸面跃出，一下子就“戳中你的心”，让你觉得这些假设非常正确？

这个过程的最后一步就是对每个可能是内心假设的句子进行质疑，并对你认为正确的内心假设进行重新描述。不要忘记你在上一章所学到的重新描述的方法，这里并不是要求你在让你感到困难或痛苦的境况上面盖一件光鲜的外套来遮掩，相反，重新描述你的内心假设需要你接纳现在的境况，并沿着更积极的方向进行拓展。这里列出了几个例子：

和爱评判的人在一起我就不能做我自己。

→当我和爱评判的人在一起时，我会留意自己在哪个方面想要隐藏自我。

→我可以问问自己，别人评判的话对自己究竟会有多大影响。

→我可以选择不理会某个人的评判。

→我可以对某个人的评判进行回应，要求他们以尊重他人的方式重新表达。

如果我背负很多债务，我就不能做我自己。

→我可以更好地去了解自己在哪些方面把金钱和自我联系到一起。

→我可以问问自己，如果没有债务我想成为什么样的人，并看看现在怎样能更好地成为那样的自己。

→即使背负债务，我也可以对快乐生活重新定义。

→我可以让别人知道，我现在背负债务，但是我正在努力摆脱债务。

→对于我正努力解决自己的债务问题这个事实，我感到非常自豪。

不管我们是相信自己能够经受住别人的批评，还是我们隐藏自我来极力逃避批评，这些行为都是以我们真正的内心假设为依据的。你对自己的能力以及应对他人回应的能力的信任程度跟这些内心假设对你的影响程度有密切关系。你完全可以掌控自己的人生和自己的选择，你完全可以全面地展示真正的自我，而不必担心其他人会怎么做、怎么说。

改善关系

我之前说过要想不再“隐藏自我”，我们需要发现、质疑和重新描述那些可能让我们隐藏自我的内心假设，然后开始在行为上表现出“主动交流”。因此，我们不要只在理论上研究怎么应对难处的关系，你不必等到下一次跟某个评判你的人进行交流时才开始应用这种方法。

当你在做本章的练习时，你心里一直有一个交流对象。现在去完成你之前没有做的任何一项练习。默默地想着这个人，以某种方式觉察身体。接着，倾听你的批评者对这个人或者对你们之间的交流所发表的看法。然后，当觉察到内心假设出现时，立刻开始进行重新描述。最后，确定一种你可以在与这个人的交流中表现出来的“主动交流”的行为。例如：

表现出自己的脆弱面：当你和这个人交流时表现出真实的自我，有意识地选择更能表现真实自我的语言和行为。

乐观：决心要对关系改变的可能性保持乐观。

共情：确保自己不要给对方提建议。

同情：在哪个方面你能向这个人表达自己的同情？

友好地对待冲突：如果你一直不愿意在一段关系中设定边界，而这个人突然开始指责你，那么你就要考虑友好地面对你和他之间的冲突，可以用一种简单的方式进行表述，比如“我注意到这样交流使人感觉不好”。或者，善待自己——现在是不是应该停止对这个人表现出脆弱面、同情、乐观或共情?

和这个人进行“主动交流”，是因为你内心深处下定决心要在生活中表现出注重勇气，而不是因为想要改变这个人或者想要得到某个结果。在前面的章节中，你练习了不受影响地倾听内在批评者。这种观点就是不管批评者对你说了什么，你都不要把它当成事实。如果你想改善生活中现有的某段关系，尤其是过去难处的关系，方法基本上是一样的。如下面例子所示。

某位家庭成员问你近来在做什么时，你并没有隐藏自我，没有对实际情况轻描淡写地说：“哦，一切都好，跟往常一样忙。”相反，你决定完全表现出真实的自我。你说：“我正在考虑换个职业，我非常想要离开旧的工作。我会觉得自己发现下一步应该做什么。”

这位家庭成员一开始可能回应道：“现在经济太不景气了，并不适合换职业。”紧接着，他就会强烈地指责：“你已经在 MBA 学业上花了那么多钱，我实在不敢相信你竟然要做这么愚蠢的事情，竟然想彻底改变职业。”如果这位家庭成员是你的内在批评者，你会说“请换种方式”，因为你的内在批评者是你的一部分，当它进入到你的内心世界时，你可以对它发号施令。但是，在现实的生活中，你无法让人们重新表述某件事或者改变他们的行为。对于表现出不支持、负面情绪或指责的朋友或家庭成员，你可以有两种选择。首先，你可以试着大声说出自己的感受，直接表达自己希望你们两个人能达成一致的要求，并进行更多的“主动交流”。或者，你接受这个事实，这个人可以按自己的方式行事，但是你会设立合适的边界来善待自己，保护自己不受到负面情绪的影响。

当詹妮尔开始向她的丈夫讲述自己感到多么不堪重负，并想要得到他的帮助时，起初她的丈夫考虑到要承担更多的责任，感到压力非常大，因此他不愿意听到这样的要求——在一段时间内。刚开始，詹妮尔不得不克制自己不要替她的丈夫处理事情，就像她不得不克制自己不要替孩子处理事情一样，这样她的丈夫就会发现詹妮尔为了给她自己创造更多的空间已经设立了真正的边界。从而他就会愿意和詹妮尔商谈，讨论如何更公平合理地分担责任。

卡洛琳的情况则正好相反，由于她几乎跟父亲没有任何联系，因此她主要是通过主动交流，看看她父亲是否想要更多接触。经过几次尝试，她的父亲没有任何回应。这让卡洛琳在最初的时候感到非常痛苦。卡洛琳花了些时间调整自己对父亲的情感，以及对永远无法拥有父女关系的悲伤，然后对以前认为缺失父亲就会使她的人生有某种残缺的内心假设进行了重新描述。她意识到自己其实并不知道她的人生是否会因为没有父亲而变得更加艰难，在尝试过主动交流后，考虑到她父亲的行为，她也许会拥有更好的人生。

对于人们如何用这种方法来改善关系，这只是两个例子。无论什么时候，只要你认为某段关系可以得到改善，就可以应用重塑勇气的步骤。觉察身体，这样你就可以在艰难的谈话中深呼吸，保持心态平稳。不受影响地倾听对方所说的话。例如，如果一个人和你意见不一致，或者不想按照你的方式做事，最好的应对就是不受影响地倾听。要明白批评者可能会因为他们自己的不安全感而反对你的看法。同样地，对于那些非常爱我们的人，如果涉及他们自己的恐惧和不安全感，他们的看法因此也会有局限性。还有些时候，人们批评我们是因为他们害怕我们——就好像你应对批评者一样，你不要逃避、取悦或回击对方，而要跟那些愿意以更尊重他人的方式进行沟通的人一起解决问题，重新描述那些束缚自己的内心假设——那些关于自己或关于建立关系有多少可能性的内心假设。你甚至可以把重新描述这种方法应用到你对不支持自己的人的回应中。这里列出几个例子：

- 对于会出现什么问题我已经听你分享了很多看法，我也认真地思考过那些事情。但是，对于这个决定我的确非常兴奋，我更愿意谈谈所有可能顺利进行的事情。
- 当你跟我说我看起来有些不同，你的语气让我感到有点指责的意思。是不是呢？对于我所做出的改变我感觉很好，我希望得到你的支持。

- 我愿意尊重你的意见，现在我已经听到了你的看法——的确如此，我用心倾听了。但我仍然认为我所做出的选择是最适合自己的选择。

最后，继续努力主动交流而不是隐藏自我。不要考虑个人的形象，要愿意表现出自己的脆弱面。在提出建议前先表现出共情。也就是说，你希望别人怎样对待你，你就要怎样对待别人。当有些人不愿意尊重你在生活中所做出的改变时，你可能需要做出某些艰难但勇敢的选择。这些选择可能包括：

- 你可能会在跟他们的交流中有所保留，只要这并不意味着改变自我。
- 你可能会减少和他们的接触，要么减少交流次数，要么只局限于某种特定的沟通方式，例如电子邮件或电话，而不是面对面交流。
- 你可能仍然和他们在一起，但你会继续不断地说出自己的需求，希望对方能以尊重他人的态度进行沟通。
- 你可能需要以尊重对方的态度来表明，你觉得现在并不适合继续交流下去，不过如果以后对方能够以尊重他人的态度进行沟通，你会愿意交流。
- 你可能需要以尊重对方的态度来表明，你选择退出这段关系。
- 你可能决定不管对方给你造成了什么障碍，你都会从关爱和同情的角度来看待他们。

当我的客户对这些选择感到纠结时，他们经常会问我："我怎么才能知道该做哪种选择呢？"我不能给他们提供答案。但我会建议他们，在退出一段关系前，先完全处理好自己这方面的问题，可以从这些简单的语句开始改变，"嗨，我感觉事情进展得并不顺利，我们能谈谈吗？"

如果你想要跟你身边的人关系更密切，如果你想要开始结识那些跟你一样想要更加勇敢生活的人，那么就把重塑勇气的这四个步骤应用到你们的关系中。觉察身体，诚实地面对自己的感受；关注你的内在批评者以及你对其他人的批评，并不受影响地倾听；弄清楚束缚自己真正的内心假设——关于别人和关于自己——并进行重新描述；最后，采取行动主动交流，并通过表现出勇气的行为来创建更大的关系圈。

形成涟漪效应

并不是只有在进行艰难谈话时才会应用重塑勇气的各个步骤。詹妮尔，在前面的章节中我们提到的三个孩子的妈妈，打电话告诉我一些很有趣的信息，"凯特，你有没有把这些方法和步骤应用到育儿中？我让我的孩子们也采用这些方法了。”她接着解释道，有一天她非常沮丧，当时她正调节两个大孩子之间的争执，结果她也加入了争吵中；于是她停下来，闭上眼睛开始觉察身体，她的一个孩子问她在做什么。

“我在觉察身体。”她告诉孩子，“当我感到紧张，需要放松的时候，我就会这么做。”

“我也想试试。” 孩子说。

接下来发生的事情让詹妮尔非常吃惊。她向孩子们解释，下一次出现争执的时候，每一个人都需要停下来觉察身体，然后倾听对方所说的话。如果有人说一些不友好的话，让他们感到沮丧、难过或者受到伤害，他们可以要求对方“请换种方式”。

当詹妮尔的儿子问她，如果对方仍然非常不友好，应该做什么呢？詹妮尔刚开始不知道该如何回答，但很快她就知道该如何清楚地向她的儿子解释重新描述束缚自己内心假设的这个观点，“虽然有时候人们会生气或表现出不友好，但我们可以想办法来解决问题。这并不意味着我们就不再爱他们，或者他们不再是我们的朋友。”然后，她告诉我，她把主动交流这个方法也教给了孩子，并提醒他可以随时把这种方法应用于和其他人的交流中，或者如果他想讨论一些事情，可以来找她交流。

在我的客户中，有些人还把重塑勇气的各个步骤应用于改善婚姻中的交流，而不是只在发生冲突的时候才会用到。泰勒刚刚和她的丈夫本结婚，一次她告诉我，本一直对她在教练引导交谈中所进行的事情感到好奇，于是她给本讲述了重塑勇气的四个步骤，接着他们就开始每天晚饭时讨论这些内容。他们决定每次吃饭时先深呼吸，真正地去关注彼此。当本工作压力太大时他就会想要放弃，因此他们制定了一份约定，在艰难的日子里，本一定要主动交流，要让泰勒知道他的想法。泰勒也一定要主动交流，要在倾听时表现出共情，而不是提出建议（本特别不喜欢听到建议）。当本相信他会被真正地用心倾听时，就会更加敞开心扉，他和泰勒就会感觉彼此更加亲密。

即使只有自己一个人在践行重塑勇气，也会出现涟漪反应。前三个步骤帮助你解决内在问题，主动交流这个步骤则使勇敢生活实现从内到外的完整展现。关键是，你不需要努力“改变”任何人。你可以通过展现如何注重勇气，以及表现出最勇敢自我，从而成为其他人的榜样，他们就会对究竟什么使你更加快乐、更富有活力感到好奇。他们也希望不再被恐惧或自我怀疑所束缚，就会想要了解重塑勇气这个过程。

尽管我的客户（大多数是女性）在交谈中所提出的问题都是非常个人化的问题，但那些问题的根源在于我们的社会所面对的共同问题。詹妮尔作为一位母亲觉得不堪重负，一部分原因在于我们的社会对女性的期望，希望女性能够不断地自我牺牲，却没有为那些成为母亲的女性在儿童保育、经济支持或情感资源等方面提供更多帮助。卡洛琳失去了母亲，突然陷入沉重的债务中，但这并不是她的过错。在我们的社会中很多人都有过类似情况，他们没有安全保障，当最坏的情况发生时就会非常容易受到伤害。考虑到这些事实，对于有待解决的更大的问题，个人的努力似乎可能就像创可贴一样只能短期缓解困境。

然而，我认为这种观点没有考虑到个人努力的必要性，只有通过个人努力，你才能增强自己的能力去为共同的问题而努力。另外，我们还需要一些方法来解决我们自己对于更大范围内改变的恐惧。我们可以看看周围，了解那些我们非常渴望整个社会能有所改变的事情，尽管陷入悲观者模式的批评者会说："这个问题太大了，现实些吧。对此你不可能做任何事情。"但是只有通过个人表现出勇气，我们才能使整个社会中的每个人都愿意通过问自己一些难以回答的问题来面对恐惧，即使感到自我怀疑时也能勇敢采取行动。

前瞻

现在你已经了解了很多方面的内容！就在这一章，你通过思考如何把你的主要关注点和对改变的渴望融入到你以后的生活中，从而将重塑勇气的最后一步付诸行动。我真切地希望在这个过程中你能够向着更加积极的方向再勇敢地迈出一步，去主动交流，创建关系圈。你可以考虑加入我们的重塑勇气在线社区，这是由一群非常优秀的人所组成的团队，他们都在努力地将重塑勇气的四个步骤付诸实践。你可以去 http://www.yourcourageouslife.com/courage-habit 网站了解如何加入该团队。

加入团队之后，你可以自由地介绍自己，告诉我们你现在正在阅读这本书的哪一部分以及你有什么发现。在那里有来自世界各地的人，他们在内心深处都渴望建立基于勇气的关系。如果你已经读到这里，我认为你已经是我们中的一员。你还可以告诉我们你在哪个方面感到陷入了困境。（我们非常愿意提供帮助！）如果你能分享一些让你感到骄傲的事情，我们会非常兴奋地为你加油——这还会再次提醒我们，远大而富有勇气的梦想是可能实现的，你就是证明。

现在这个过程还剩最后一件事情。我在对客户进行引导时也会做这件事情：**花些时间对你所完成的事情进行回顾与思考，然后宣布这段过程圆满结束。**在下一章，你将有机会发现仍然阻碍你的地方。我还会告诉你，你完全有理由为自己所做的一切感到骄傲。深呼吸，如实地告诉自己你有多么了不起，你已经取得了多大的进步。

The Courage Habit

第七章 思考你的勇敢生活

Courage

整个过程的开始是因为在旧金山一个阴雨、昏暗的冬日，我醒来后感觉生活非常枯燥乏味，我已经连续很多天都有这种感觉了。我决定关注那种感觉，并问自己究竟是什么原因让我产生那种感觉，我又可以做什么来改变这种状况。诚实地看待为什么自己对现在的职业感到不开心，促使我做出了更大的改变：我如实地面对自己以前基于恐惧所做出的选择，了解并摆脱强加给自己的束缚，从而展现出最勇敢自我。

通过完成重塑勇气这个过程，并在出现新的挑战和恐惧时经常重新应用这些方法和步骤，使我能够对其他也在践行重塑勇气的人提供帮助。在心理教练界，我们认为精疲力竭、不快乐以及其他身体发出的信号都值得用心倾听。无论什么时候，当我们本能地受到恐惧反应模式的影响而偏离原进程时，我们都会去审视这些模式。我们确定了主要关注点，探讨了最勇敢自我是什么样的，并为展现更勇敢自我清除了内在障碍，从而使我们能够坚持向着更远大梦想的方向努力。然后，我们就要开始为了那种改变采取行动，把重塑勇气的四个步骤付诸实践。最重要的是，这个过程并不只是为了达成一个目标或“实现”主要关注点。确定改变的主要关注点，只是为你提供一个途径，让你开始以不同的方式做事，让你拥有更远大的梦想，让你更富有创造力，并且为了创造自己想要的生活而勇于承担可能出现情绪问题的风险。

重塑勇气方法的最大优点就在于，它们可以使你超越自己的目标，拥有更加勇敢的生活方式。它们是你为了使自己的生活更加充满勇气、更富有活力而采取的行动和步骤。当我看到人们为了自己的快乐完成了那些他们从未想过自己能够做到的事情时，我敬佩他们的勇气。他们大胆地表达自己的想法，勇敢地面对想要控制自己的关系，彻底改变家庭中过去那种根深蒂固的模式。他们努力对抗自己的上瘾行为，他们放弃一切去环游世界，他们敢于离开赚钱的行业去过自己想要的生活。**尽管他们的生活在外界看来是很普通的，但在他们的内心这种生活是无与伦比的。**

另外，我还看到了这些方法并不是只适用于追求个人的目标。我的客户还把重塑勇气的方法应用到育儿、努力实现社会公正、合作教学、非营利机构、创新与艺术，以及对公司动力机制的改变上。这些是非常实用的方法，你可以和其他人一起学习、分享和应用。如果我们有足够多的人去应用这些方法，就会有意想不到的结果。我们可以看到在这个世界里有更多的人表现出勇气，他们下定决心去面对恐惧，为我们共同的挑战寻找解决问题的方法，并认为这种努力是值得的。

在这一章中，我会让你对自己整个重塑勇气的过程进行思考，并完成相应的评价与回顾。通过这种方式来帮助你真正地为自己所付出的努力感到骄傲。在此之前，重要的是我要帮助你完成重塑勇气这张拼图的最后一块——“仍然不够好”这个内心假设会使你无法看清楚自己所取得的真正的进步。

成长是一个过程

你将会发现即使你完成了重塑勇气这个过程，在生活中仍然会突然感到无所事事，会遭遇挑战和陷入困境。例如，也许你已经认识到一个主要关注点目标的重要性，但是，即使你不懈努力，仍然无法完全达成目标。这会使你产生失望的情绪，就给批评者创造了机会。它会以此作为确凿“证据”来解释为什么事情没有得到改变，于是你就更加难以摆脱那些类似“这是不可能的”内心假设，尽管你一直在努力重新描述这些内心假设。

这是否就意味着这个过程没有用呢？即使已经有得到改善的

地方，但生活中仍然会有些事情让你感到陷入困境，你会如何对待这个事实呢？你应该对创造改变的过程坚定信心，再次实践重塑勇气的四个步骤。觉察身体，关注自己的感受；不受影响地倾听批评者以及它所带来的“内心假设”，例如“事情本来应该比现在有更大的进展”或者“在我的生活中有些事情仍然会让我感到陷入困境，本不应该是这样的”；主动与其他人交流，他们会提醒你即使在生活中遇到困难，但仍然有很多美好的事情，在这段历程中你所付出的努力是值得的。

相信这个过程将意味着你接纳自己的不完美，允许自己的生活并不完美（就像我们每个人一样），并认识到是由你来决定自己是否快乐。即使你没有把事情做得非常完美，即使你仍然有需要改变的事情，即使迄今为止你并没有像你所期望的一样取得很大的进展，但你仍然可以拥有快乐。媒体对我们的影响很大，在好莱坞电影中所描绘的“幸福生活”里，所有的事情都有完美的结局，而我们有时甚至不知道真正的幸福生活究竟是什么样的。

真正的幸福生活也有一团糟的时刻，未完成的时刻，陷入困境的时刻。然而，它也有美好的时刻。在那时候你追随自己的内心召唤，决定不再忍受现状，甚至你也许会看到自己梦想成真！**幸福而勇敢的生活并不是一个只能二选一的情况。那些混乱、那些未完成或者那些困境正是我们成长过程的体现。**这个过程会一直持续下去。

就好像我们要摆脱“永远没有恐惧”这个谎言一样，我们也需要摆脱“只有实现目标（拥有一个‘完美’生活），成长才会发生”这个谎言。必须结合实际情况来看待成长：成长是一件长期进行的事情，有时候你会有较大的进展，有时候进展会较小。对于在这本书中所提到的所有人，当他们开始追求自己的主要关注点目标后，或者将重塑勇气的各个步骤付诸实践后，他们都比过去拥有了更美好的生活——这一点我可以向你保证。但是，没有一个人的生活是完美的，他们也都会遇到困难。

自从我改变了自己生活中的一些事情后，我觉得自己非常幸运，能够创造一种符合真正的自我的生活。然而，也仍然会出现各种困难。我被诊断患有自身免疫方面的疾病，那时候还遭遇到似乎无法解决的财务问题，还因为失去友谊而悲伤，等等。

一次又一次地，我通过重塑勇气来帮助自己渡过难关。我没有逃避自己所遇到的困难，因为我一直坚持实践重塑勇气的各个步骤，所以在那些状况下，我仍然能战胜困难，并收获了很多。我嫁给了我最好的朋友，我成为自己公司的CEO；当我被无情地诊断为不孕症并且所有相关治疗都无效后，我竟然生下了我的女儿；我结识了一些不仅是朋友更是知己的女性挚友；我在国家级的新闻媒体上发表了自己的作品；我在经济上得到了保障；我可以自由安排我的时间。这一切在我开始采取重塑勇气的方法之前似乎是不可能实现的。这个例子再次说明了**重塑勇气是一个长期过程：困难仍然会出现，但是通过重塑勇气你能正视困难，并能够继续在生活中表现出最勇敢自我。**

相信重塑勇气这个过程并结合实际看待成长，这是拥有更加幸福的生活的“秘诀”。弄清楚，然后摆脱关于你“应该”发展到什么境地的内心假设。接纳自己的现状，相信你正在进行的这个过程，不再为了追求更好而让自己精疲力竭。反而，因为接纳了自己的现状，你会感到如释重负，你会为自己所做的事情感到骄傲。

如果你认为自己可能存在类似于“我应该有更大的进展”或者“既然我仍在 XX 方面陷入困境，那意味着我还没有真正变得更加勇敢”的内心假设，现在就花些时间来摆脱那些内心假设吧。把它们写到一张纸上，采取第五章曾经用过的相同的方法对那些问题进行质疑，然后沿着相信重塑勇气这个过程的方向进行重新描述。

如果你很难对这些内心假设进行质疑和重新描述，就回想一下当你刚开始阅读本书前面几页内容时的情况。那时候你是如何应对恐惧的？你是想要忽略它还是把它推走？你内心深处的梦想在你的生活中是什么位置？你是否感觉能够自由地表达自己的梦想？

从那时到现在都有哪些改变呢？要注意我并没有问哪件事有了圆满的结果，并没有问你的生活是否变得井然有序，或者你是否“实现”了自己的主要关注点。如果这些事情能够实现当然很棒，但是能够注意到哪些事情已经发生了改变以及关注你成长和改变的方式，就已经足够了。事实上，这点非常重要。那其实就是你注重勇气和勇敢生活的方式。

即使经过这么多年的实践，当每一次我踏入某个新的领域时，我知道自己仍然会再次感受到某种程度的恐惧或自我怀疑。尽管仍然会出现那些情绪，但我并不认为这代表了失败。相反，我会提醒自己那些恐惧暗示不会离开，因为生活本来就是这样的。而且，我会审视自己的惯常行为，把恐惧和自我怀疑看作一种提示，从而发现内心深处对我很重要的事情。这样我就不会按照以前那种习惯性的方式来应对恐惧，而会感到好奇，甚至有时候会把恐惧转化为兴奋！我知道如果我愿意进行重塑勇气的每一个步骤，我将会实现更大的目标，我的生活会比现在更加美好。当你应用这些方法时，你也会有更多的惊喜。

思考与回顾

在结束之前，让我们对你整个重塑勇气的过程进行思考与回顾。当你回答每个问题时，觉察身体，去发现你身体的哪个部位愿意为你做的事情庆祝。当你为自己感到骄傲时，看看你是否能够跟身体所感受到的那种兴奋建立联结。如果你的批评者突然出现，说你做得还不够，不应该庆祝时，你告诉它“请换种方式”，并对批评者所带给你的内心假设进行重新描述。然后，重新开始庆祝，并努力去发现在你身体里那些真实的、竭尽全力为你庆祝的感觉。

如果你把学习本书的过程视为某种暗示—惯常行为—奖赏回路，那么这种庆祝就是最终的奖赏！你要为自己在这个过程中所付出的努力进行庆祝。无论你做出了多少努力都是足够的！下定决心让自己相信在学习这本书的过程中“你所做的已经足够多了”这种内心假设，这会对你表现出最勇敢自我有一定帮助。要相信自己所做的事情，而不是相信“你应该做得更多”这种内心假设。

有些人愿意在自己喜欢的日记本上或从 http://www.yourcourageouslife.com/courage-habit 网站下载相应表格来回答这些问题。有些人可能会想以不同的方式来做这个练习，你可以试着在散步时走走停停来回答问题；或者大声地、慢慢地说出问题；或者采取可视化的方式——绘画，制作拼贴画，把自己的答案通过信手涂鸦表现出来。

1. 在这个过程的刚开始我是如何应对恐惧的？对于我的批评者，我是逃避、取悦还是回击它？
2. 我的恐惧反应模式是什么？我注意到自己的哪些所做、所说、所想和所信受到这种模式影响？我陷入在哪种暗示—惯常行为—奖赏回路中？
3. 我为整个过程选的三个主要关注点目标是什么？
4. 描述一下你的最勇敢自我以及他所希望拥有的日常生活。
5. 你经常选择哪种方式来觉察身体？把这种方式写下来，然后写下你是如何坚持进行这项练习的。你是否想要对自己的实际行为进行调整，比如变得更加坚持不懈？你是否想要尝试用其他方式来觉察身体？
6. 觉察身体对你有哪些帮助？把你的发现记录下来。也许是有的时候觉察身体会使你减轻压力，或者在习惯性的恐惧反应模式对你施加影响之前帮助你阻止这种影响。
7. 在开始这个过程之前你是如何应对批评者的？你是想要回避它、推开它还是和它抗争？
8. 你和批评者的关系发生了哪些改变？例如，你是否会不受影响地倾听，至少在某些时刻？你是否更富有同情心地来看待批评者，认为它的看法源自某处伤口？

9. 在批评者所说的话中哪些是你仍然需要努力摆脱影响的？当批评者说这些话的时候准确地把它们写下来。你在写每一句话时都要深呼吸。你并不需要现在就来应对这些话，除非你想采用“请换种方式”这种方法。你能够注意到批评者，并且愿意通过不断努力来改变批评者的话对你的影响，这个事实就已经值得你进行庆祝了。

10. 在这个过程中你摆脱了哪些束缚自己的内心假设？把这些内心假设以及你对它们的重新描述都写下来。

11. 在开始这个过程之前你多久进行一次“主动交流”？现在你多久进行一次？你的交流对象是谁（陌生人、家庭成员、你的孩子、同事等等）？

12. 在这个过程中你的主要关注点有哪些调整或改变？（也许没有任何变化，这只是为了让你有机会注意到是否有变化。）

13. 在这个过程中你的最勇敢自我有哪些调整或改变？留意你是否有新的看法或认识，或者更深入了解了自己的渴望，或者在某些地方你完全改变了方向。这些调整都具有积极意义，它们表明你对整个过程的关注。

14. 你对勇气的注重除了使你自己的生活受益，还因为你所做的努力给其他人的生活带来哪些益处？（换句话说，给你的家庭、关系圈、工作场所或更大范围带来什么样的涟漪效应？）

在完成这些问题的回答后，你可以通过某种方式来庆祝自己所进行的这个过程。你可以跟其他完成重塑勇气过程的人分享这些问题，或者为这些问题提供一个留作纪念的地方——把写有你的答案的这张纸折好并塞到你的枕头下面，或把这张纸埋到土里，或者如果你家里有家用祭坛，也可以放到那里面。我个人喜欢将这些问题的答案放进一个信封里，并在信封上面写上日期，然后放置一旁。一年后，我在日历中设置的提醒会提示我打开信封，我会为自己曾经的努力而充满感激，并会了解我取得了哪些进展。

未来之路

当一位客户不打算继续进行这种教练引导式交流时，我们会正式宣布这段教练关系的结束。我们都知道客户总是想要在更多的方面得到发展，但他所进行的过程终归都有开始、进行中和结束，现在他已经掌握了一些方法可以独立地继续前进与发展。在结束之前，我都会让客户思考，现在从这个人生新起点出发，他想要创造什么样的生活？远方有什么在吸引着他？有什么新的冒险在等待着他？这也是当我们完成重塑勇气这个过程时，我请你做的事情。

首先，我们先要简明扼要地说明和总结哪些事情有了改变。我在下面列出了一些句子作为例子。选择自己有所改变的一件事情，并把它写在你在重塑勇气过程中一直用的日记本上。

- 我曾经因为相信＿＿＿＿＿＿＿＿＿＿而陷入困境，现在我意识到＿＿＿＿＿＿＿＿＿＿＿＿＿＿。
- 我以前感觉＿＿＿＿＿＿＿，现在感觉＿＿＿＿＿＿＿。
- 我曾经在＿＿＿＿＿＿＿＿＿＿＿＿方面需要帮助，现在我对于自己为了＿＿＿＿目标而采取行动感到自豪。
- 我曾经在＿＿＿＿＿＿＿＿＿＿方面感到非常艰难，现在我能够更加＿＿＿＿＿＿＿＿＿＿＿＿＿＿。
- 我曾经对＿＿＿＿＿＿＿＿＿＿＿＿＿更感到恐惧，我现在足够勇敢可以＿＿＿＿＿＿＿＿＿＿＿＿。

从这个人生新起点出发，你想要创造什么样的生活？你已经踏上了一条自我探寻之旅，在途中即使你会感到恐惧，也愿意坚持问自己一些很难回答的问题。问问自己：下一步要做什么？你个人一直在努力去做的事情是什么？想一想在接下来的 12 个星期里，你的生活会是什么样子。如果你想要再一次开始重塑勇气这个过程，在对自己以及自己的能力有了更多了解后，从这个人生新起点出发你想要创造什么样的生活？有时候，客户回答说，他们会不断改进之前确定的主要关注点，在这种情况下，他们“新的”主要关注点目标就是“我将继续在____________方面付出努力”。有时候，有些客户会说他们已经对未来有了新的设想，他们非常兴奋，想要撸起袖子马上采取行动，想要看看还会有什么发现。这完全由你决定。

如果突然间有什么想法，就写下来，你知道后面应该怎么做！如果你没有任何想法，就要通过你在第一章所做的练习来弄清楚你的最勇敢自我。在那一章最后的部分，你已经确定了三个主要关注点。当然，难免会有某件事情未能列入这三项中，也许现在你就可以把它作为主要关注点。或者你也可以把关于弄清楚你的最勇敢自我的相关练习全部再做一遍——要以第一次做练习时的思维方式进行这个过程。

要想使重塑勇气成为生活的一部分，另一种方式就是周期性地进行重塑勇气的练习。每一年新年来临之际，我和丈夫都会约定在某一个晚上进行交流，那时候我们会问问自己在即将到来的新的一年里，我们想要成为什么样的人，想要做什么事情，或者想拥有什么。我们把自己对这一年的渴望写下来并告诉对方，然后在这一年中定期互相检查。我会在日历上写下行动步骤，这些行动与我想要在这一年创造的生活相关，从而就可以提醒我不断进行自我检查。最近几年，我邀请所有网上相识的人都参与进来。我每年都会给订阅用户发送免费年刊“勇敢生活计划者”（Courageous Living Planner），这是一种可以下载的计划软件，包括了重塑勇气的各种方法，可以每个月以及每个季度提醒你进行检查。

不管你选择哪种方式，现在花点时间把你的三个新的主要关注点目标写下来。你需要一直保持对勇气的重视，并对以前的恐惧反应模式选择不同的方式进行回应。不过你要明白，现在你已经掌握了很多方法，完全可以独立进行这个过程。加油，你一定可以做到！

当然，这并不是说你一定要独自进行这个过程。我希望你能加入我们在脸书（Facebook）上的重塑勇气（Courage Habit）社区，不需要任何费用。去 http://www.yourcourageouslife.com/courage-habit 网站开始你的勇敢之旅吧。任何时候你想要和来自世界各地的其他践行重塑勇气的人交流，就可以在社交媒体上通过标签 #couragehabit 来找到彼此。你也可以在照片墙（Instagram）中通过@katecourageous 或者访问 facebook.com/yourcourageouslife 网站与我交流。我将会非常高兴地向你表示祝贺。当你完成这个过程的每一个步骤时，都让我们和你一起庆祝吧。

非常感谢你能参与到这本书的阅读中——确切地说，你参与到了这本书的创作中。对于能够在你重塑勇气的过程中尽点微薄之力，我深感荣幸。当我在写这本书的每一个字时，我会想到那些像你一样的人，想到你会利用这些方法来为自己以及你周围的人创造更美好的生活。我要向你表达深深的谢意！

致　谢

我一直与文字打交道，但此时任何文字都不足以表达我感受到的爱与内心的感激。重塑勇气的第四个步骤是主动交流和创建关系圈，确切地说，如果我没有经常实践这一步骤，我将永远不能完成这本书的创作。

首先，非常感谢和我交谈过的客户、访问过 yourcourageouslife.com 网站的读者，以及通过各种方式和我进行交流的成千上万的人，有的人是通过参加在线研讨班、我所开设的课程、出席研讨会和相关会议与我交流，有的人是收听过我的播客，还有的人是曾经参与相关的项目。当你感到恐惧（完全正常！）的时候，当你把勇气付诸实践时，我看到了你，我听到了你，我陪伴着你。千真万确。这本书就是为你而写，我在心里支持你。

我在一次生日宴会上遇见了金柏·辛普金斯（Kimber Simpkins），《完整》(*Full*) 的作者，我告诉她自己正努力鼓起勇气把这本书的策划书寄出去。金柏告诉我她很喜欢和 New Harbinger 出版公司合作，还给了我一个联系人的名字，这样我就可以把策划书发给那个人。毫不夸张地说，金柏，你的慷慨和真诚永远改变了我的人生。

金柏对 New Harbinger 团队的赞许并非虚言。卡米尔·海斯（Camille Hayes），谢谢你从我的策划书中发现了可取之处，使我有幸能够拥有这段终生难忘的写作经历。维科拉杰·吉尔（Vicraj Gill），你在编辑这本书时所提出的看法和给予的关爱使我在写作上有了更好的提升。如果没有你的指导，就不会有现在的这本书——谢谢你。我还要向朱莉·班纳特（Julie Bennett）和整个营销团队致以谢意，谢谢你们热情的接待，谢谢你们使我能很快就融入你们之中。我要向 New Harbinger 团队的所有成员表达谢意，我知道你们每天都在跟书打交道，但是……我们做到了——我们创造了一本书！

巴里·特斯勒（Bori Tessler），《金钱艺术》(*The Art of Money*) 的作者，不仅教给我勇敢面对我的经济问题，还为这本书写了序——全世界的所有巧克力都不足以表达我的谢意。（但是，嗨，巴里，我会想办法来向你致谢的。）

我很荣幸能够结识一些非常出色的人，那些给予我友谊的人，那些支持我并提供关于商业经营真知灼见的人，那些帮助我使我的生活变得更好的人。我不敢相信自己竟然能够与他们相识，我强烈建议你现在就到网上搜一下他们的名字。他们是：

Kira Sabin, Laura Simms,Rachel W. Cole, Tiffany Han, Andrea Owen, Laurie Wagner, Amy E. Smith, Vivienne McMaster, Dr. Brené Brown, Marianne Elliott, Tara Sophia Mohr, Dyana Valentine, Cheri Huber, Jenn Lee, Michelle Ward, Nisha Moodley, Margo Brockman, Allison Tyler, Christine Mason-Miller, Kelly Rae Roberts, Lianne Raymond, Tara Gentile, McCabe Russell, Tanya Geisler, Julie Daley, Andrea Scher, and Stacy DeLaRosa.

"快乐计划（Stratejoy）"的创始人莫莉·马哈尔（Molly Mahar），非常感谢你在那段时间是通过电话为我阐明事情是如何运作的。特丽萨·里德（Theresa Reed）的塔罗牌解读让人觉得不可思议。我的律师罗伯特·凯利（Robert Kelly）所制定的合同完整细致，让人不禁大声称赞。在我成为一名母亲后，霍利·威克(Holly Wick)，佩塔卢马运动鞋底（Athletic Soles）公司的所有者，帮助我通过铁人三项运动重新找回了自我。这是一种令人愉悦的方式，使我获得动力重新认真对待写作。提到写作，还要感谢加州大学戴维斯分校所提供的英语研究课程。感谢森林湖大学的罗伯特·阿尔尚博（Robert Arehambeau）博士对我写作的鼓励，感谢大卫·博登博士使我第一次对研究人们这样做的原因产生兴趣。

阿德里安娜· 拉康尼（Adrianne Laconi）是我公司里一位非常优秀的营运经理，她使我在很多方面都感到放心，这份信赖远超她的所知。在过去的几年里，如果没有她我的公司就不会运营下去。另外，非常感谢“勇敢生活教练认证”（The Courageous Living Coach Certification）的领导团队，这个团队由一些非常有能力的女性构成，她们是：Valerie Tookes，Lara Heacock，Liz Applegate，Paula Jenkins，Michelle Crank，and Julie Houghton 。还要感谢莫莉・K・拉金 (Molly K.Larkin) 和纳塔莉亚・丘克利纳 (Natalia Choukling) 帮我一起检查书稿的拼写。虽然我们把这个项目称为人生教练培训计划，但是事实上，我们是一群执着追求勇敢生活的人。我们无法做到尽善尽美，这是事实，我们并不需要为此感到抱歉。通过 # TribeCLCC 标签和我们一起成就更好的自己吧。

卡尔・罗杰斯（Carl Rogers）和我来自同一个城镇，佩玛・丘卓 (Pema Chodron) 是我的精神导师，卡尔已经去世了，我从未见过佩玛，但我知道如果不是受到他们作品的影响，我的生命将会黯淡无光。欧文・亚隆 (Irvin Yalom)，您的书帮助我更好地了解自己和我的客户。查尔斯・都希格（Charles Duhigg），您关于习惯形成的著作使我对相关问题理解起来更加容易——此外，也彻底改变了我们哄孩子入睡的方法。因此，任何时候您来我们这里，晚餐我请客。鲍勃·瑞都（Bob Rado）对我的鼓励也是文字所无法表达的，我还要对我活力十足的家族成员以及支持我的亲人致以深深的谢意。当然，家人一切安好让我也心存感激。我还要向我的姐姐瓦内萨·斯沃博达（Vanessa Swoboda）表达我的感激之情，在我处于人生岔路口时是她给予了我很大的鼓励。

挑战日（Challenge Day）组织的里奇（Rich）和伊冯娜·杜特拉·约翰(Yvonne Dutra-st.John)，教给我如何很快地做出不同的选择，并且让我知道那样选择会给生活带来怎样的变化，同时还让我学会了如何创造出“让上帝也惊叹的爱”。

丹尼尔·拉波特(Danielle Laporte)，谢谢你帮助我最终意识到我的人生我自己做主——非常感谢。当其他所有人都含蓄地忠告我时，你愿意跟我说：“去他的诊断！”你的这份支持改变了我的一生，对此我深怀感激！

瓦莱丽·图克斯（Valerie Tookes），我们已经是十多年的朋友了，当我去想那些自己所知道的最富有勇气的人，我总是会先想到你。我看到你所付出的爱是多么博大，多么宽广。我看到你是如何一次又一次尽管非常紧张但仍然走上舞台展现自己。因为你知道为了使自己的生活充满爱和活力，这一切都是值得的。其实我们大家都知道，虽然你看起来偏内向，但实际上你是一个非常有影响力的人。谢谢你成为我姐妹般的朋友。

马修·马泽尔（Matthew Narzel）最初是我们夫妻二人的教练，后来成为我的个人教练。他是我和丈夫结婚时的司仪，我女儿出生时他也在场。在多年的交谈中，他看到我最愤怒、最悲伤、最不安、最困惑时的样子。他从来不认为那些状态下的我就是真正的我，这正是我能够从痛苦中走出来的原因和方法。

阿妮卡（Anika），我的女儿，我想对你说，在你出生前一位记者曾问过我对你有什么样的期望和目标。我说我并不在乎你是否上大学，或者有什么“成就”；我所真正希望的是在你的生活中，你能完全地信任自己，相信自己内在的善良。你现在只有三岁，如果我以后在你上大学的问题上改变了看法，你可以把这部分内容拿给我看。

安迪·瑞都（Andy Rado），我的丈夫，你一直陪伴着我。对我每一次想要尝试的冒险你完全给予支持，你是我最好的朋友。你是一位帅气的男人、一位无与伦比的爸爸，是我在一天结束时唯一想要依偎的人。人们常会说“如果没有你我不能完成这件事”，对于我们来说，这正是我最真实的表白。人生中的每一天我都选择和你在一起。

参考文献

Ashby, F. G., B. O. Turner, and J. C. Horvitz. 2010. "Cortical and Basal Ganglia Contributions to Habit Learning and Automaticity." *Trends in Cognitive Sciences* 14(5): 208 - 215.Retrieved from https://labs.psych.ucsb.edu/ashby/gregory/reprints/sdarticle.pdf.

Blackledge, J. T. 2015. "Comparing ACT and CBT: Defusion vs.Restructuring." March 10. https://www.newharbinger.com/blog/comparing-act-and-cbt-defusion-vs-restructuring.

Brown, B. 2015. *Daring Greatly: How the Courage to Be Vulnerable Transforms the Way We Live, Love, Parent, and Lead. London:Penguin.*

Chödrön, P. 1997. *When Things Fall Apart: Heart Advice for Difficult Times.* Boulder, CO: Shambhala Publications.

Christou-Champi,S.,T. F. D. Farrow, and T. L. Webb. 2015. "Automatic Control of Negative Emotions: Evidence That Structured Practice Increases the Efficiency of Emotion Regulation." *Cognition and Emotion* 29(2): 319 - 331.

Crocker, J., M. A. Olivier, and N. Nuer. 2009. "Self-Image Goals and Compassionate Goals: Costs and Benefits." *Self Identity* 8(2 - 3): 251 - 269. Retrieved from https://www.ncbi.nlm.nih.gov/pmc/articles/PMC3017354.

Duhigg, C. 2014. *The Power of Habit: Why We Do What We Do in Life and Business.* New York: Random House.

Dutra-St.John, Y., and R. Dutra-St.John. 2009. *Be the Hero You've Been Waiting For.* Walnut Creek, CA: Challenge Associates.

Dzierzak, L. 2008. "Factoring Fear: What Scares Us and Why." *Scientific American.* Retrieved from https://www.scientific american.com/article/factoring-fear-what-scares.

Goldin, P. R., and J. J. Gross. 2010. "Effects of Mindfulness-Based Stress Reduction (MBSR) on Emotion Regulation in Social Anxiety Disorder." *Emotion* 10(1): 83 - 91.

Hallis, L., L. Cameli, F. Dionne, and B. Knäuper. 2016. "Combining Cognitive Therapy with Acceptance and Commitment Therapy for Depression: A Manualized Group Therapy." *Journal of Psychotherapy Integration* 26(2): 186 - 201.

Hannah, S. T., P. J. Sweeney, and P. B. Lester. 2010. "The Courageous Mind-Set: A Dynamic Personality System Approach to Courage." In *The Psychology of Courage:*

Modern Research on an Ancient Virtue, edited by C. L. S. Pury and S.J. Lopez, 125–148.

Washington, DC: American Psychological Association.

Hayes, S. C. 2005. *Get Out of Your Mind and Into Your Life: The New Acceptance and Commitment Therapy*. Oakland, CA:New Harbinger Publications.

Huber, C. 2001. *There Is Nothing Wrong With You*. Rev. ed.Murphys, CA: Keep It Simple Books.

Kabat–Zinn,J., A. O. Massion, J. Kristeller, L. G. Peterson, K. E. Fletcher, L. Pbert, W. R. Lenderking, and S.F. Santorelli.1992. "Effectiveness of a Meditation–Based Stress Reduction Program in the Treatment of Anxiety Disorders." *American Journal of Psychiatry* 149(7): 936 - 943.

Lerner, H. 2014. *The Dance of Anger: A Woman's Guide to Changing the Patterns of Intimate Relationships*. New York:William Morrow.

Mascaro, J. S., A. Darcher, L. T. Negi, and C. L. Raison. 2015. "The Neural Mediators of Kindness–Based Meditation: A Theoretical Model." *Frontiers in Psychology* 6: 109. Retrieved from https://www.ncbi.nlm.nih.gov/pmc/articles/PMC4325657.

Mohr, T. S. 2015. *Playing Big: Practical Advice for Women Who Want to Speak Up, Create, and Lead*. New York:

Avery.

Mullan, B., V. Allom, and E. Mergelsberg. 2016. "Forming a Habit in a Novel Behavior: The Role of Cues to Action and Self-Monitoring." *EHP: Bulletin of the European Health Psychology Society* 18: 686.

Nelson, S. 2013. *Friendships Don't Just Happen*. Nashville, TN:Turner.

Pury, C. L. S., and S. J. Lopez. 2010. *The Psychology of Courage: Modern Research on an Ancient Virtue.* Washington, DC: American Psychological Association.

Rodriguez, T. 2016. "Study Links 'Neuroflexibility' of Ventromedial Prefrontal Cortex with Stress Resilience." *Psychiarty Advisor*.August 2. http://www.psychiatryadvisor.com/anxiety/positive-health-outcomes-seen-with-active-coping-strategies/article/513438.

Reuell, P. 2015. "How the Brain Builds New Thoughts." *Harvard Gazette*. Retrieved from http://news.harvard.edu/gazette/story/2015/10/how-the-brain-builds-new-thoughts.

Schiller, D. 2010. "Snakes in the MRI Machine: A Study of Courage." *Scientific American*. July 20. https://www.scientificamerican.com/article/snakes-in-the-mri-machine.

Scott, W., K. E. J. Hann, and L. M. McCracken. 2016. "A Comprehensive Examination of Changes in Psychological Flexibility Following Acceptance and Commitment Therapy for Chronic Pain." *Journal of Contemporary Psychotherapy* 46:139 - 148.

Swaminathan, N. 2007. "The Fear Factor: When the Brain Decides It's Time to Scram." *Scientific American*. August 23. https://www.scientificamerican.com/article/the-brain-fear-factor.

Tessler, B. 2016. *The Art of Money: A Life-Changing Guide to Financial Happines*. Berkeley, CA: Parallax Press.

University College London. 2009. "How Long Does It Take to Form a Habit?" August 4. https://www.ucl.ac.uk/news/news-articles/0908/09080401.

Vanzant, I. 2001. *Yesterday, I Cried: Celebrating the Lessons of Living and Loving*. New York: Fireside.

Yin, H. H., and B. J. Knowlton. 2006. "The Role of the Basal Ganglia in Habit Formation." *Nature Reviews Neuroscience* 7(6): 464 - 476.

Courage

读者问题和图书俱乐部指南

重塑勇气图书俱乐部提供了一个非常好的途径，可以让你和其他跟你在同一区域的志同道合的人一起对本书的内容进行探讨，或者把重塑勇气这种理念应用于职场中。如果想要找到在你附近的交流小组，可以去 http://www.yourcourageouslife.com/courage-habit 网站搜索跟你在同一区域也在阅读这本书的其他人的信息。下面这些问题可以对引导小组内的讨论有所帮助。

前言

1. 凯特分享了自己多年来是如何以某种方式生活的经历，她总是想推开关于改变的恐惧，而她自己却没有意识到这点。你是否也有这种情况呢？当恐惧或自我怀疑出现时你会如何应对？当你努力想要摆脱恐惧时，你是想要把它推开，还是找理由避开它，或者想让它自己走开？
2. 凯特分享了她的观点，没有人是“没有恐惧”的，我们不能对恐惧置之不理。你是否赞同？为什么？

3. 习惯包括暗示（例如恐惧情绪）、惯常行为（对那种暗示的反应）和奖赏（因为进入到自己了解和熟悉的模式而感到某种放松）。对于你而言，哪些情况暗示着恐惧？
4. 你是不是不喜欢“恐惧”这个词？你是不是更想用其他词来形容这种情绪，比如自我怀疑、焦虑、紧张或缺乏自信？如果是，为什么呢？换一个不同的词来形容会使你的体验有什么变化？

第一章

1. 在完成你自己的“无约束日”练习和确定主要关注点后，你可以把自己的主要关注点在阅读小组中分享。注意自己是否会对于分享感到恐惧，或者对于在生活中表现出最勇敢自我所需要做的改变感到自我怀疑。分享你的发现。
2. 当你倾听其他人关于他们的“无约束日”或主要关注点的分享时，有哪些勇气的表现方式会出现在每个人对问题的回答中，即使每个人的渴望并不相同？
3. 你是否发现自己会担心“无约束日”或主要关注点并不现实或不具有可能性？为什么？可以分享你的这些担忧。看看小组里其他人是否能说出一些人的名字——那些人曾经完成你想要做的事情，那些人可能是他们认识的人，也可能是公众人物或者历史人物。那些人就可以证明你想法的可能性。

4. 研究表明如果个人目标能够使他人受益，那么不仅在努力的过程中个人会感到更满意，而且也更有可能实现目标。你是基于什么原因来确定自己的主要关注点的？如果你在生活中表现出最勇敢自我，那么会对社会有什么积极影响？

第二章

1. 在第二章介绍过的亚丝明和埃利安娜，她们所体验到的恐惧都是以意想不到的方式出现的。因为恐惧的出现方式与她们所认为的有所不同，所以当她们陷入恐惧情绪中时，她们甚至都没有意识到。如果你也曾有过类似的时候，直到事后回想起来才发现自己当时陷入恐惧情绪中，那么也可以进行分享。
2. 完成“弄清楚你的恐惧”练习后，可以在小组里分享最让你感到恐惧的三件事情。看看其他人是否跟你有相同的恐惧。
3. 对于这一章所描述的所有的恐惧反应模式，在每个人的行为中，都会有几点符合之处，但是通常会有一种恐惧反应模式在多数情况下比其他模式更能使你本能地进入这种模式中。哪种恐惧反应模式是你最主要的惯常行为？你是否在其他模式中也发现了部分与自己相符的特征？

第三章

1. 如果你曾经有过基于身体练习的体验，就在小组里分享一下当时的情况。你认为觉察身体是很容易、很难，还是居于二者之间？在学习这章之前，你对于进行某种基于身体的练习的这个观点有什么看法？
2. 尝试跟图书俱乐部小组的其他成员一起觉察身体。我建议你先定时 1 分钟，专注地和小组成员一起大笑；然后再定时 1 分钟，专注地和小组成员一起跳舞；接着再定时 3 分钟，只是安静地进行深呼吸。在这个过程结束后可以分享你的发现。
3. 是否有些强烈情绪是你不想经历的？关于这些情绪体验你有什么担忧？跟你的小组成员分享你的担忧，并请他们分享自己是如何从这种情绪困境中走出来的。

第四章

1. 每个人都会有自己的批评者，每个批评者所说的话也并不相同。在完成第四章练习后，在小组里分享你的批评者所说的话。小组里的每个人都要做好准备，用无声而真诚的方式来提供支持。这种方式就是眼神交流，以及做出“爱的手势”（表达“爱”的手语）。做出这种手势的动作是：把拇指、食指和小指伸直，同时把中指和无名指向下弯曲，以这样的手势伸出你的手，并让手心朝外。这是一种无声的支持方式，会让别人在分享自己的脆弱面时，知道你在用心倾听。

2. 你会说自己也是逃避、取悦或回击你的内在批评者吗？
3. 凯特分享了她的经历。当她的教练马修建议她把自己的批评者看作“最好的朋友，沟通能力却糟糕”时，她有些排斥，因为她确信自己的批评者不是出于好意才说那些话的。但当她又仔细思考了以后，她开始发现批评者是如何用异常的方式想要通过指责来使她不去做那些可能有失败风险的事情。想一想你所分享的批评者的话。你能看出在哪些方面你的批评者虽然在夸夸其谈，但可能在它内心深处非常缺乏安全感吗？
4. 选择一句你的批评者所说的话，然后你来扮演你的批评者，让小组里的另外一个人提醒你“请换种方式”。这样反复几次，并分享你的发现。当你以批评者的身份发表看法时，提醒你“请换种方式”的人要避免提出建议或进行指导，而要让扮演批评者的人自己去发现体验到的感受。如果你扮演自己的批评者，要记住在完成的时候深呼吸，从而在精神上离开角色扮演的体验，与小组成员重新建立联结。

第五章

1. 在第五章里，凯特分享了她如何因为自己“不是一名运动员”，所以认为自己不能完成铁人三项运动的经历。那时候出现的声音听起来并不是指责，更像是在陈述事实。有没有什么事你一直有兴趣去尝试，但是认为自己“不是那种人”？你是否认为有些人天生就更加勇敢，其他人则不是如此？

2. 卡洛琳的内心假设受到她的恐惧反应模式（自我破坏者模式）的影响。你的恐惧反应模式是什么？基于那种模式而产生的内心假设是什么？
3. 当完成这一章中的“发现你的内心假设”和“常见的束缚自己的内心假设”这两部分的练习后，在小组里分享一些自己的内心假设。我建议大家围成一个圈来分享自己的内心假设，直到所有的人都分享完毕后再发表看法。你们很可能会发现至少会有几个内心假设是相同的。当你对社会运作方式做出假设，如果发现其实每个人都有相似的内心假设时，对你的影响是非常大的。是不是每个人好像都会有跟别人相同的束缚自己的内心假设？
4. 重新描述内心假设与进行正面心理暗示并不相同。你是否热衷于正面心理暗示？为什么喜欢或者为什么不喜欢正面心理暗示？和你的小组成员进行分享。
5. 尽管你可以自己想出如何重新描述内心假设，但是通过小组讨论发现的想法也可能会让你很感兴趣。让小组的每个人分享用一句话描述的内心假设，然后其他小组成员提出自己认为可行的重新描述。倾听者要注意只采用自己认为有帮助的想法，其他想法可以不用理会。换句话说，如果某些重新表述并不合适，不要放在心上。这种小组练习是一种非常好的方式，可以让你发现对自己的人生可能有帮助（或者没有帮助）的内心假设。你是完全接受其他人关于重新描述的建议呢，还是不予采纳？

第六章

1. 当凯特第一次开设课程时，她对自己感到不满，因为学员们没有按照她期望的方式参与到课程中，所以她担心其他人会怎么看她。凯特的朋友麦凯布帮助她从一个完全不同的角度来看待问题，从而使凯特发现恐惧情绪是如何对自己施加影响的，而自己之前根本就没意识到。然后凯特认识到主动交流和创建关系圈可以帮助我们发现正在影响自己的恐惧反应模式。在你的生活中有哪些组织或人能够给你提供帮助，有哪些人也在重塑勇气？
2. 凯特还分享了基于勇气的关系所表现出来的特点。想一想经常与你交流的那些人。你是否会表现出这些特点中的一部分或全部呢？如果没有，为什么呢？对于那段关系的局限性，你有什么感受？可以分享你是如何表现出那些在基于勇气的关系中会出现的行为的。例如，也许你总是注意到有一个人用心地倾听对方，或者当另外一个人陷入困境时，这个人会说“我也是”来表达同理心。

3. 在“关于建立关系的内心假设”这部分内容中，对于无法建立更亲密的关系，凯特分享了很多常见的原因。在这些原因中，哪些跟你有关？你是否曾经在某段关系中因为这些原因中的某个原因而不愿意建立更亲密的关系，但后来你愿意承担风险，勇敢尝试，从而成功建立关系？

4. 凯特在这一章的“难处的关系”部分中总结到，很多她的客户都表示想要变得更加勇敢，但他们却担心他们的渴望不会得到支持，或者会被嘲笑、批评。当别人对你的改变发表看法、指责或评判时，你是如何应对的？当你读到书中列出的“隐藏自我”的行为时，哪些隐藏行为是你最有可能本能地就表现出来的？与小组成员分享你的发现。如果你愿意，还可以让小组的其他成员担任“监督伙伴”，来监督你是否出现那些“隐藏自我”的行为。经常互相检查，就能够监督自己表现出基于勇气的行为，而不是“隐藏自我”的行为。

5. 在“形成涟漪效应”这部分内容中，凯特给出了一些人的例子，他们不仅在自己的个人生活中应用重塑勇气的各个步骤，还把这些方法应用到他们的婚姻、育儿或者工作中。这些注重勇气的行为习惯对你生活中的其他哪些方面也能带来帮助？为了在那些方面重塑勇气，你会采取哪些行动步骤？

第七章

1. 人们常常想要通过个人努力到达终点后，从此就不再出现相同的自我怀疑或恐惧。凯特建议你把重塑勇气看成一个持续进行的过程，并且信任这个过程。在哪一个方面你会更容易信任这个改变的过程？在哪一个方面你会比较难以信任这个过程？
2. 整个小组可以选择 3~5 个不同的问题让大家思考并在小组中进行分享。至少要标记出一个你有所调整、改变或成长的方面，即使你认为自己做得还不够。每个人分享后，小组其他人都要给予肯定、鼓励和庆祝，因为每一个改变都是有意义的。
3. 进行小组讨论最难的一个方面就是，弄清楚如何结束小组团队，以及决定团队将如何转变和发展。小组成员想要做哪些事情以使这种良好的交流保持下去？毕竟，你总是可以选择新的关注点，重新开始重塑勇气。你是否想建立某种责任制或检查体系？尽管你不能继续经常参加图书俱乐部的讨论会，但是可以考虑用其他方式来进行交流。即使只是偶尔发封电子邮件，问候一下彼此，也会再次建立联系。